Walter M. Weiss | Ulrich Wernery

111 Dinge über Kamele, die man wissen muss

emons:

Bibliografische Information der Deutschen Nationalbibliothek
Die Deutsche Nationalbibliothek verzeichnet diese Publikation in der Deutschen Nationalbibliografie; detaillierte bibliografische Daten sind im Internet über http://dnb.d-nb.de abrufbar.

Gestaltung: Eva Kraskes, nach einem
Konzept von Lübbeke | Naumann | Thoben
Druck und Bindung: Himmer GmbH Druckerei & Verlag, Augsburg
Printed in Germany 2021
ISBN 978-3-7408-1206-5
Originalausgabe

Vorwort

Was tun die meisten von uns instinktiv beim Anblick eines Kamels? Sie schmunzeln. Denn dieses kuriose, in Aussehen und Gehabe so herrlich exzentrische Geschöpf weckt unweigerlich heitere Gefühle. Zugleich jedoch wird es von vielen, vor allem Menschen des Westens und Städtern, für ein vorsintflutliches Vieh gehalten, das vornehmlich brüllt, beißt und stinkt. Welch fatales Vorurteil! In Wahrheit hat dieses sympathisch genügsame Wesen das Zeug zum künftigen Wohltäter der Menschheit. Kraft seiner Milch, seines Fleisches und Blutes wird es bald schon weite Teile der Welt ernähren und heilen helfen. Und sein extrem wasser- und energiesparender Lebenswandel wird sich in Zeiten der wachsenden Klimakrise als vorbildhaft erweisen.

Diese Zukunftsperspektive, der sich die moderne Forschung gerade erst gebührend zu widmen beginnt, bildet einen Schwerpunkt dieses Buches. Doch beleuchtet es, klar, auch vielerlei andere Facetten der Kamele. So wandeln Sie lesend auf den archäozoologischen Spuren ihrer Vorfahren, lernen Spannendes über Physiologie, Sozialverhalten und die Rollen in Religion, Kunst und Krieg. Sie begegnen ihnen unter bitterarmen Nomaden, aber auch superreichen Golfarabern, die sie zu verhätschelten Rennboliden hochzüchten.

Und schließlich begleiten Sie diese vielerorts weiterhin unverzichtbaren Weggefährten des Homo sapiens auf den historischen Karawanenwegen zwischen Sahara, Weihrauch- und Seidenstraße. Denn immerhin trugen Dromedar und Trampeltier (Alpaka, Lama & Co. bevölkern wenige Buchseiten) als Reit- und Lasttiere zur Entwicklung diverser Zivilisationen entscheidend bei.

Was wir hoffen – und, offen gesagt, fast erwarten: dass Sie sich im Laufe Ihrer Lesereise, ein klein wenig zumindest, in diese wundersamen Wüstentiere so verlieben, wie es uns sehr heftig vor langer Zeit schon geschah.

Viel Vergnügen dabei wünschen Ihnen

Walter M. Weiss & Ulrich Wernery

111 Dinge

1 Familienporträt

Who's Who der heutigen Kameliden

Die Geschichte der Evolution, Migration und Domestikation der Kameliden und ihrer genetischen Vielfalt gleicht bis zum heutigen Tag einem unvollendeten Puzzle. Zu seinen Bestandteilen zählen das Auftauchen und Verschwinden zahlreicher Spezies ebenso wie eine immense, über weite Teile der Welt verstreute Zahl von archäozoologischen Fundorten. Ganz zu schweigen von der viel erörterten, jedoch bis heute nicht wirklich geklärten Frage, welche Ahnen bei der Herausbildung der ein- beziehungsweise zweihöckrigen Version die entscheidende Rolle spielten.

Unzweifelhaft feststellen lässt sich: Kameliden gehören der Ordnung der Paarzeher (*Artiodactyla*) und in dieser, als deren einzige verbliebenen Vertreter, der Unterordnung der Schwielensohler (*Tylopoda*) an. Sie lassen sich in zwei Gruppen unterteilen. Eine bilden die Altwelt- alias Großkamele, zu denen das Dromedar (einhöckrig) und das Trampeltier (zweihöckrig) zählen. Die zweite Gruppe umfasst die höckerlosen Neuwelt- alias Kleinkamele mit den Gattungen Lama und Vikunja.

Als reine Pflanzenfresser kauen Kamele zwar wieder, werden aber nicht zur Unterordnung der Wiederkäuer gerechnet, weil sich ihr mehrkammeriger Magen unabhängig von deren Mägen entwickelt hat. Ihre Zugehörigkeit zu den Paarhufern, zu denen gemäß phylogenetischer Systematik erstaunlicherweise auch die Wale (*Cetacea*) gehören, teilen sie sich mit den Schweineartigen (*Suina*) und besagten Wiederkäuern (*Ruminantia*).

Ihr Körperbau ist durch einen langen, dünnen Hals, einen kleinen Kopf sowie relativ lang gestreckte, schlanke Beine charakterisiert. Hinsichtlich der Größe gibt es aber deutliche Unterschiede: Während Neuweltkamele zwischen 35 und 150 Kilogramm auf die Waage bringen, werden Altweltkamele wuchtige 300 bis 700 Kilogramm schwer. Auch erreichen Letztere ein im Durchschnitt doppelt so hohes Lebensalter, nämlich von 40 im Vergleich zu 20 Jahren.

TRAMPELTIER

DROMEDAR

LAMA

ALPAKA

Nicht eindeutig geklärt ist in der Fachwelt die Verwendung der geschlechtsspezifischen Benennung von Kamelen. Während bisweilen, unter anderem in der englischsprachigen Welt, rinderspezifische Bezeichnungen, also Bulle/*bull*, Kuh/*cow* und Kalb/*calf*, Verwendung finden, sind auf Deutsch eher jene aus der Welt der Pferde gebräuchlich. Der Unmissverständlichkeit halber werden in diesem Buch durchgehend die Bezeichnungen Hengst, Stute und Fohlen benützt.

GUANACO

VICUNA

2 Das Dromedar

Das klassisch-arabische Ein-Höcker-Modell

Es gilt im allgemeinen Sprachgebrauch und auch optisch als Synonym und geradezu Urbild eines Kamels und bevölkert in gut 30 Millionen Exemplaren weite Teile der östlichen Hemisphäre: *Camelus dromedarius*, auch Einhöckriges oder Arabisches Kamel genannt, stellt damit rund neun Zehntel des weltweiten Gesamtbestandes an Altweltkamelen (das zehnte stellen die Trampeltiere). Es ist als Last- und Reittier in ganz Nordafrika, vom Senegal bis in den Sudan, und auch am Horn im Osten des Kontinents verbreitet; weiters in Vorderasien, von Westanatolien bis Nordindien und nordwärts bis nach Turkestan. Auch auf dem Balkan, in Namibia und auf den Kanarischen Inseln wurde es eingeführt; und Mitte des 19. Jahrhunderts in Australien, wo die verwilderten Nachfahren der vierbeinigen Einwanderer, rund eine Million an der Zahl, die heute weltweit einzige frei lebende Population dieser Spezies bilden.

Das Dromedar, dessen Name sich vom griechischen *dromas* (was so viel wie »laufend« bedeutet) ableitet und sich erstmals in einer Schrift des Aristoteles findet, wurde vermutlich Ende des 2. Jahrtausends vor Christus in Arabien domestiziert. Es ist, wie alle Kameliden, tagaktiv und pflegt im freien Gelände in Haremsgruppen zu leben, die für gewöhnlich aus einem Hengst, bis zu einem Dutzend Stuten und den zugehörigen Fohlen bestehen. Auch heranwachsende Junggesellen bilden temporäre Gruppen.

Erwachsene Dromedare erreichen Schulterhöhen von 1,80 bis 2,30 Meter und messen vom Kopf bis zum Rumpfende zwischen 2,30 und 3,40 Meter. Ihr Schwanz ist mit etwa 50 Zentimetern relativ kurz, ihr Höcker im Durchschnitt etwa 20 Zentimeter hoch. Legendär ist ihre Fähigkeit, selbst bei großer Hitze wochenlang ohne Wasserzufuhr zu überleben. Wie genau ihre Körper dies bewerkstelligen und inwiefern diese einzigartige Anpassung sie zu den unverzichtbaren Gefährten aller Wüstennomaden prädestinierte, wird im Detail in diversen Kapiteln dieses Buches erläutert.

Das Fell von Dromedaren ist meist sandfarben, kommt aber auch in variierenden Tönen, von weiß über dunkelbraun bis schwarz, vor. Sonderformen markieren zum Beispiel jene hell- bis blauäugigen, tauben Schecken, die sich Tuaregs in den Aïr-Bergen gezüchtet haben, oder auch die in der zentralen Sahara heimischen, sehr hellfarbigen Iforas-Kamele, welche mit ihrem normal entwickelten Vorder- und dem im grotesken Gegensatz dazu völlig verkümmerten Hinterteil zudem eigentümlich disproportioniert erscheinen.

3 — Das Trampeltier

Erkennungszeichen: Doppelbuckel und Zottelfell

Die zweite Art von Altweltkamelen ist das Trampeltier. Auch Zweihöckriges oder Baktrisches Kamel genannt, ist es vor allem in den Wüsten und Steppen Zentralasiens, Westchinas und der Mongolei zu Hause. Seine Gesamtpopulation wird auf ungefähr 2,5 Millionen geschätzt. Von seinem Verwandten, dem Zweihöckrigen Wildkamel (siehe Kapitel 10–12), das die Weiten am Nordostrand der Wüste Gobi durchstreift und laut jüngsten genetischen Studien eine eigenständige, dritte Spezies von Altweltkamelen darstellt, existieren kaum noch tausend.

Trampeltiere haben einen im Vergleich mit Dromedaren gedrungeneren, aber stämmigen Körper und zotteliges Wollhaar, das sie vor der Winterkälte des kontinentalen Klimas Innerasiens bestens schützt. Dieses ausgesprochen dicke Fell, dessen Haare an der Kehle und am Nacken am längsten sind und dessen Färbung von sandgrau bis dunkelbraun variiert, stoßen sie bei steigenden Lufttemperaturen so rasch ab, dass sie dann oft regelrecht zerlumpt aussehen.

Erstmals systematisch beschrieben hat das Trampeltier, das vermutlich um 2500 vor Christus irgendwo zwischen West-Turkestan und Nord-Iran domestiziert wurde, 1758 der schwedische Naturforscher Carl von Linné. Von ihm erhielt es auch seinen nomenklatorischen Namen *Camelus bactrianus*. Ursprünglich heimisch war es ungefähr vom mittleren Kasachstan über die südliche Mongolei bis zum großen Bogen des Gelben Flusses. Dank seiner Kraft und Ausdauer – es vermag über Wochen Lasten bis zu 300 Kilogramm in Tagesetappen bis zu 50 Kilometer weit zu tragen – fungierte es über die Jahrhunderte als alleiniges Transportmittel auf der Seidenstraße. Wobei ihm auch seine Resilienz gegen die extremen Temperaturen sehr zugute kam. Heute findet man es, vielfach immer noch als Nutztier in Gebrauch, über noch weitere Teile Asiens, von Kleinasien bis in die Mandschurei und im Norden bis zum 55. Breitengrad, also nach Südsibirien, verbreitet.

Ein Baktrisches Kamel alias Trampeltier vor schneebedeckter Gipfelkulisse in Kosch-Agatsch, einem Gebirgsdorf in der südwestsibirischen Republik Altai, Russland.

4 Grazile Geschwister

Lama, Guanako, Alpaka und Vikunja

Jüngste molekular- und evolutionsbiologische Untersuchungen lassen vermuten, dass sich vor etwa 25 Millionen Jahren zwei kamelidische Gattungen herausbildeten: *Camelini* und *Lamini*. Erstere wanderten vor circa 7 bis 5 Millionen Jahren, nachdem sie ihren Lebensraum zuvor auf dem amerikanischen Kontinent immer weiter nach Norden verlegt hatten, westwärts über die damals die heutige Bering-Straße querende Landbrücke. Aus Ostsibirien zerstreuten sie sich in der Folge über ganz Asien bis nach Osteuropa und Afrika – dazu bestimmt, eines Tages die Gattungsgruppe der Altweltkamele zu bilden.

Die Lamini hingegen zogen im späten Pliozän, vor rund 2,5 Millionen Jahren, südwärts über den Isthmus von Panama. Sie wurden zu den Vorfahren der modernen Neuweltkamele. Zu jener durchwegs höckerlosen Tribus, die natürlicherweise nur in Südamerika vorkommt, gehören sowohl die domestizierten Lamas und Alpakas als auch die beiden wild lebenden Arten der Guanakos und der merklich kleineren, schlankeren Vikunjas.

Die Zähmung von Lama und Alpaka erfolgte zwischen 4000 und 5000 vor Christus, also rund 3.000 Jahre vor jener der Altweltkamele. Sie war zweifelsohne ein Erfolg der indigenen Andenvölker und deren hoch entwickelter Kultur. So hing etwa das präkolumbianische Inkareich, was die Herstellung von Wolle für die Kleidung, von Nahrung und Brennstoff, aber auch den Warentransport über schwierig begehbares Gelände betraf, weitgehend vom Lama und Alpaka ab; die Bestände an beiden Haustieren waren deshalb Eigentum der Regierung. Das besonders feine Wollhaar des Vikunja war den Herrscherfamilien vorbehalten. Mittlerweile hingegen liegen Zucht und Haltung der Lamas und Alpakas eigenverantwortlich in den Händen der Campesinos und Hirten. Sie sind bis heute mehr oder weniger der traditionellen Form der extensiven Weidewirtschaft treu und dürften dadurch die Tiere vor dem Aussterben bewahrt haben.

Der weltweite Bestand an Lamas, den größten und deshalb in den Anden traditionell vorrangig als Lasttier genutzten Neuweltkameliden, wird auf 3,8 Millionen Tiere geschätzt. Rund zwei Drittel davon sind in Bolivien, 900.000 in Peru zu Hause. Populationen nennenswerter Größe leben weiters in den USA, Argentinien und Chile. Ähnlich groß ist der globale Bestand an Alpakas. Von den rund 3,5 Millionen Tieren leben gut 3 Millionen in Peru, 300.000 in Bolivien und circa halb so viele vor allem als Begleit- und »Liebhabertiere« in Europa und den USA. Von den insgesamt circa 570.000 Guanakos sind fast alle in Argentinien beheimatet. Die insgesamt 160.000 Vikunjas hingegen leben auf die Andenstaaten Peru, Chile, Argentinien und Bolivien verteilt.

5 Hasengroße Ururahnen

Vor 40 Millionen Jahren in Nordamerika

Ist heute von Kamelen die Rede, denkt man unweigerlich an die heißen Wüstengebiete Arabiens und Nordafrikas oder an die im Winter eisigen Steppen und Wüsten Zentralasiens. Dort seien diese legendären Tiere, so die landläufige Meinung, von Anfang an beheimatet gewesen. Deshalb mag es überraschen, dass die Wissenschaft auf der Suche nach den Wurzeln der Kameliden ihre Scheinwerfer nach Nordamerika richtet. Denn just auf jenem Kontinent, wo gegenwärtig nur mehr sehr vereinzelt Exemplare leben, verbrachten die Urahnen dieser Säugetierfamilie die ersten vielen Millionen Jahre ihres Erdendaseins.

Der Früheste von ihnen namens *Protylopus* lebte im Eozän, vor 45 bis 40 Millionen Jahren, und hatte die Größe eines Hasen. Er war ein Schwielensohler mit vier Zehen (die zwei seitlichen sollten sich in der Folge zurückbilden). Seine Vorderbeine waren deutlich kürzer als die hinteren. Aus diesem »Prototyp« entwickelte sich ziemlich rasch, binnen nur fünf Millionen Jahren, *Poebrotherium* – ein Pflanzenfresser und höckerlos wie sein Vorgänger, aber etwa ziegengroß.

Während des folgenden Oligozäns und Miozäns, im Intervall zwischen 34 und 5 Millionen Jahren, wurde Nordamerikas Klima kälter und trockener, und der Kamelidenstammbaum verzweigte sich in über ein Dutzend Spezies. Diese begannen die für heutige Kamele charakteristischen Kiefer- und Zahnstrukturen, aber auch den weichen, gepolsterten Fuß und den typischen Passgang zu entwickeln. Parallel wuchsen ihre Beine und Leiber und einigen, namentlich *Oxydactylus* und *Aepycamelus*, zudem giraffenartige Hälse. Später überragten einige Arten, etwa das extra-große *Megacamelus*, sogar das Wollmammut und wurden zu den größten Paarzehern auf dem Kontinent. Die große Mehrheit dieser frühen Kameliden, darunter auch eine schlanke, heutigen Gazellen ähnelnde Miniaturvariante namens *Stenomylus*, starb am Ende des Miozäns ziemlich rasch aus.

Natalia Rybczynski, Paläobiologin am Kanadischen Museum der Natur in Ottawa, sammelt Proben auf Ellesmere Island. Auf diesem sandigen Abhang des Fyles Leaf Bed nahe dem Strathcona-Fjord fand sie jene Fragmente eines 3,3 Millionen Jahre alten Schienbeinknochens (Bild unten), durch die sich erstmals die Präsenz von Paracamelus (siehe Kapitel 6) in der Hohen Arktis belegen ließ.

6 Paracamelus

Ein kolossaler Vorfahr in der Arktis

Unter den vielen Knochenfunden urzeitlicher Kameliden ragen aus wissenschaftlicher Sicht jene des sogenannten *Paracamelus* heraus. Bereits 1913, während des großen Goldrausches am kanadischen Yukon, hatten Glücksritter am 67. Breitengrad die Fossilien eines solchen Urahnen aus dem Boden gebuddelt. Sie vermittelten das Bild eines kolossalen Tieres mit langen, massigen Gliedmaßen, einem langen Rückgrat und riesigen Höcker. Noch spektakulärer waren jene Fragmente, die Wissenschaftler des Kanadischen Naturkundemuseums ein Jahrhundert später auf Ellesmere Island, am Ostrand des kanadisch-arktischen Archipels, aus dem Permafrostboden bargen. Die Funde waren 3,3 Millionen Jahre alt. Sie stammten also aus dem mittleren Pliozän, als diese Grönlands Nordwestküste gegenübergelegene Region infolge einer globalen Wärmephase mit borealem Nadelwald bedeckt war und eine ungleich höhere Biodiversität als heute aufwies. Dank einer neuen Technik des genetischen Fingerabdrucks mittels Kollagen stellte man fest: Es handelte sich um Überreste von Kameliden. Puzzlehaft zusammengefügt, ergaben sie den Teil eines Schienbeinknochens, der etwa 30 Prozent größer als das entsprechende Stück eines heutigen Kamels war.

Die Entdeckung war wichtig, belegte sie doch erstmals die Existenz von Paracamelus in der Hohen Arktis. Vor allem aber leistete sie einen wertvollen Beitrag zum besseren Verständnis der Evolution der ganzen Gattung. Für Natalia Rybczynski, Paläobiologin im Forscherteam, liegt es nahe, dass sich jene Urahnen, von denen sich die Entwicklung der modernen ein- und zweihöckrigen Altweltkamele ableitet, ursprünglich an ein Leben im arktischen Wald anpassen mussten. So würden sich etliche Spezialisierungen der Gattung (siehe Seite gegenüber) aus der Notwendigkeit erklären, unter den zehn Breitengrade unterhalb des Nordpols herrschenden harschen Bedingungen überleben zu müssen.

Den flachen, weichen Fußballen zum Beispiel, der sich heute als so zweckdienlich im Wüstensand erweist, entwickelte Paracamelus anfänglich zur Anpassung an Schnee. Der typische Höcker mag als Fettspeicher das Überleben in schier endlosen Wintern gewährleistet haben. Und auch die großen Augen, dereinst von poetischen Beduinen so überschwänglich gepriesen und bei Schönheitswettbewerben von Juroren so geschätzt, dürften das (Über-)Leben während sechsmonatiger Winterfinsternis maßgeblich erleichtert haben.

7 Camelops

Eine kuriose Kurzkarriere

Betreibt man Kamelgenealogie, darf ein anderer früher Ahne keineswegs unerwähnt bleiben: Die Gattung Camelops tauchte erstmals vor rund vier Millionen Jahren, im mittleren Pliozän, auf. Sie wanderte nie ostwärts über die Landbrücke von Beringia nach Asien. Vielmehr verblieb sie stets in ihrer nordamerikanischen Heimat, lebte dort freilich von Alaska über den gesamten Westteil des Kontinents bis hinunter nach Zentralmexiko verstreut und verschwand erst relativ spät, vor etwa 12.000 Jahren, am Ende des Pleistozäns.

Ihr bekanntester Vertreter ist das sogenannte Westliche Kamel, *Camelops hesternus* mit zoologischem Namen.

Dieses sah, so lassen Nachbildungen auf Basis gefundener Skelettteile vermuten, wie ein übergroßes Dromedar aus – mit viel längeren Beinen und schmalem, länglichem Kopf. Die Form seiner Kiefer und Zähne legt nahe, dass es vorwiegend ein Pflanzenfresser, zwischendurch aber sehr wohl auch Karnivore war. Für das Aussterben von Camelops könnte Klimawandel eine Rolle gespielt haben. Doch für plausibler wird gemeinhin die sogenannte Blitzkrieg-Theorie gehalten. Sie basiert auf der Annahme, die Gattung sei zusammen mit anderer Megafauna Nordamerikas wie Mastodons und Mammuts, Elchen, Tapiren, Riesenfaul- und Gürteltieren ausgestorben, als sich neue Kulturen erfahrener und effizienter Jäger über den Kontinent ausbreiteten.

In der Tat leiteten Forscher aus Funden von in Werkzeuge umgearbeiteten Knochenfragmenten die Hypothese ab, Camelops sei häufig von frühen Hominiden gejagt und geschlachtet worden. Weiterführende Untersuchungen entlarvten sie allerdings als Fehlschluss. Zwar lebten Homo sapiens und die riesigen Vierbeiner wirklich nebeneinander und hatten sozusagen auch miteinander Umgang. Doch ein letztgültiger Beweis dafür, dass die Verfolgung durch den Menschen die alleinige Ursache für das Aussterben Letzterer ist, steht noch aus.

Diese 3-D-Nachbildung eines Westlichen Kamels (*Camelops hesternus*) macht die Ähnlichkeit mit dem heutigen Dromedar deutlich. Es war die letzte lebende Art der Gattung Camelops. Mit ihr und zwei verwandten Arten verschwanden vor etwa 12.000 Jahren die Kamele, nachdem sie hier über Jahrmillionen den Hauptteil ihrer evolutionären Entwicklung durchlebt hatten, plötzlich vom nordamerikanischen Kontinent.

8 Arabien als Wiege?

Eine dromedarisch-paläobiologische Spurensuche

Auf der Suche nach frühen Ahnen des zweihöckrigen Kamels auf asiatischem Boden wurden auf prähistorischen Stätten in der Mongolei und Kasachstan schlüssige Beweise gefunden. Weniger ist über die Herkunft seines einhöckrigen Verwandten, des Dromedars, bekannt.

Einen Hinweis darauf, wie tief in die Vergangenheit man bei ihrer Erkundung zurückgehen muss, lieferte ein syrisch-schweizerisches Forscherteam 2005/06 in der zentralsyrischen Wüste. Die Knochen, die es nahe dem Dorf El Kowm fand, erwiesen sich als Teil eines kolossalen Tieres, das rund eine Tonne wog und vor circa 100.000 Jahren lebte. Dieses »Syrische Kamel« alias *Camelus moreli* war an der Schulter bis zu drei und am Scheitel vier Meter hoch. »Niemand«, bilanzierte Jean-Marie Le Tensorer, Grabungsleiter von der Universität Basel, »hatte bis dahin gewusst, dass so früh einhöckrige Kamele im Nahen Osten existierten. Mit ihm haben wir nun erstmals eine Wildform, und eine sehr, sehr alte noch dazu.«

»Nur« 6.000 bis 8.000 Jahre alt sind jene aller Wahrscheinlichkeit nach kamelidischen Knochenfragmente, die Hans-Peter Uerpmann, Ex-Professor für Archäobiologie an der deutschen Universität Tübingen, auf dem neolithischen Friedhof von Jebel Al-Buhais im Emirat Sharjah zutage förderte. Knochenreste von einhöckrigen Wildkamelen ähnlichen Alters fand man unter anderem in der berühmten bronzezeitlichen Stätte auf der Insel Umm an-Nar bei Abu Dhabi und, unweit davon, in Baynunah. Aus der Zeit um 1000 vor Christus stammen schließlich erste Belege von etwas kleineren, domestizierten Tieren. Dennoch ist bis heute nicht gänzlich geklärt, wo Dromedare wirklich erstmals gezähmt wurden. Als wahrscheinlichstes Gebiet gilt inzwischen dank dem systematischen Vergleich von Erbgut aus lebenden Tieren mit mitochondrialer DNA aus historischen Knochenfunden die Südostküste der Arabischen Halbinsel in der Region der heutigen Emirate.

Als weiterer möglicher, vergleichsweise junger Ahne des Dromedars gilt das Thomas'sche Wildkamel (*Camelus thomasi*). Die nach dem französischen Paläontologen Thomas benannten Tiere bevölkerten – dies belegen Felszeichnungen in den Gebirgen der Ostsahara – während der letzten Eiszeit Nordafrika und die Negev Wüste und starben, wohl infolge von Dürren und ungewöhnlich tiefen Temperaturen, vor etwa 14.000 bis 22.000 Jahren aus.
Im Bild: zum Größenvergleich die Mittelhandknochen eines heutigen Dromedars beziehungsweise von *Camelus moreli* sowie die zentralsyrische Grabungsstätte von Bir al Hummal, wo man die Reste von Letzterem fand.

9 Ahnenfahndung in Asien

Über die frühe Nutzung des Baktrischen Kamels

Um Licht in die Frage zu bringen, wann denn Mensch und Kamel miteinander in eine ernsthaft zu nennende Beziehung traten, gilt es zu klären, wo und wann der so generöse Vierbeiner eigentlich erstmals domestiziert worden ist. Gleich vorneweg sei gesagt: Sie eindeutig zu beantworten, ist aus Mangel an Beweisen unmöglich. Mit Sicherheit sagen kann die Wissenschaft freilich, dass beide, Dromedar und Trampeltier, die am spätesten gezähmten Säugetiere sind. Nach dem Hund, den Jäger und Sammler vor mindestens 12.000 Jahren domestizierten, machte man das meiste heute wichtige Vieh, also Rinder, Schafe und Ziegen, die man zuvor ihres Fleisches wegen gejagt hatte, im Zuge der Neolithischen Revolution vor etwa 10.000 Jahren zu Haustieren. Die Domestizierung von Kamelen hingegen fand im großen Maßstab wohl frühestens vor 4.500 Jahren statt.

Als eventuell ältester materieller Beweis für diesen Schritt gilt ein auf eine Tonscherbe gemaltes Bild eines Kamels von der zentraliranischen Fundstätte Tepe Sialk. Es wird mit 3000 bis 2500 vor Christus datiert. Ähnlichen Alters sind sowohl die kniende Tierfigur – ein Kamel? – an einer Bronzeaxt als auch der mit Kameldung und etwas Kamelhaar gefüllte Tonkrug. Beide gefunden im Südosten Irans. Eindeutiger sind diverse auf turkmenischem Boden, in Anau, Altyn Tepe, Geoksyur und Gonur gefundene Artefakte, darunter das Lehmmodell eines Kamelkarrens und, als Grabbeigaben, ganze Kamelskelette, zusammen mit einem hölzernen Gefährt und bronzenem Zaumzeug.

All diese Funde stammen von Baktrischen Kamelen oder stellen diese dar und untermauern im Verbund mit paläogenetischen Studien die These: Es war das Zweihöckrige, das als erstes Mitglied der Kamelidenfamilie domestiziert wurde und so die kulturelle und kommerzielle Entwicklung in den weiträumigen Steppen Zentralasiens vorantrieb und letztlich auch zur Entstehung der Seidenstraße führte.

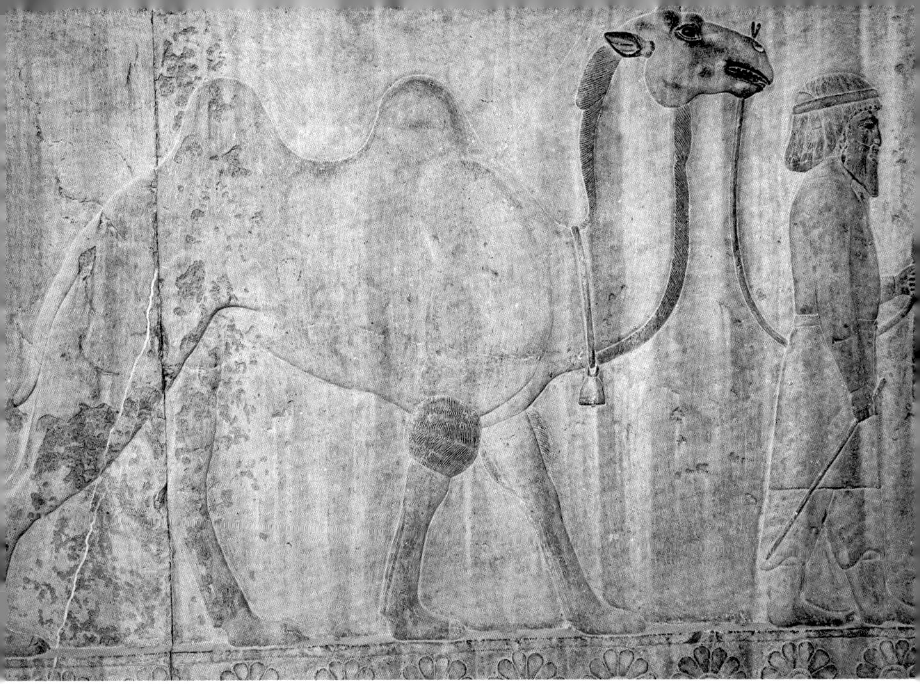

Die in Fels geritzte, von safaitischen Schriftzeichen flankierte Darstellung eines zweihöckrigen Kamels (unten) wurde in der jordanischen Wüste gefunden und stammt aus der Zeit zwischen dem 1. vor- und 4. nachchristlichen Jahrhundert. Das filigrane Relief eines Trampeltieres, geführt von einem parthischen Delegierten (oben), ziert die Treppe zum Empfangspalast der berühmten altpersischen Ruinenstätte Persepolis.

10 Camelus ferus

Die verborgene dritte Spezies

Gegenwärtig bevölkern geschätzt 35 Millionen Altweltkamele unseren Planeten. Etwa neun Zehntel davon sind Dromedare, der Rest Baktrische. So weit, so gut. Doch solche Statistiken verschweigen für gewöhnlich, dass in den entlegensten Wüsten des nordöstlichen Zentralasien eine viel, viel kleinere, aber nicht minder faszinierende dritte Kamelpopulation lebt: Das Zweihöckrige Wildkamel wurde erstmals 1878 von dem russischen Forscher Nikolai M. Przewalski beschrieben. Doch ihre wissenschaftliche Bezeichnung erhielt die bis heute wenig bekannte Spezies erst 2003, als die Internationale Kommission für zoologische Nomenklatur sie offiziell als *Camelus ferus* benannte.

Auf den ersten Blick gleichen diese Wildkamele den gängigen Baktrischen, aber in Wahrheit sind sie merklich kleiner und wurden beschrieben als »schlankbeinig und gelenkig, mit sehr schmalen Füßen und einem Körper, der wirkt, als wäre er seitlich zusammengedrückt«. Ihre zwei Höcker sind niedriger, etwa halb so groß und mehr kegelförmig. Zudem haben sie einen flacheren Schädel. Auffallend ist weiters, dass ihnen die große Brustschwiele fehlt. Ihr zotteliges Fell ist kürzer, spärlicher und durchwegs sandbraun. Wie ihre zahmen, zweihöckrigen Verwandten fressen sie zwecks Flüssigkeitsaufnahme Schnee. Doch als vermutlich einziges Landsäugetier vertragen sie auch tadellos Wasser mit höherem Salzgehalt als das Meer.

Camelus ferus lebt, ständig umherziehend, über weite Gebiete verstreut. Seine Populationsdichte beträgt gerade einmal fünf Exemplare auf 100 Quadratkilometern. Extrem menschenscheu, wandert es in Herden von zwei, drei Dutzend Tieren über lange Strecken auf der Suche nach in diesem Lebensraum äußerst raren Wasserquellen. In alter Zeit bevölkerte das Wildkamel ganz Zentralasien, vom Gelben Fluss bis zum Kaspischen Meer. Heute hingegen ist sein Lebensraum auf ein vergleichsweise winziges Gebiet in und am Rand der Wüste Gobi geschrumpft.

Jahrelange genetische Untersuchungen an Blut-, Haar- und Knochenproben durch Experten aus China und Österreich zeigten eindeutig Unterschiede in der DNA des Wildkamels und des zahmen Baktrischen. Daraufhin wurde offiziell verkündet: Das wilde, zweihöckrige Kamel ist eine neue und eigenständige Spezies, die sich vor über 700.000 Jahren, also lange vor jeder Domestizierung, von jedweder anderen Art von Kamel abgespalten hat.

11 Am Aussterben

Über die höchst prekäre Lage des Wildkamels

Es ist kein Zufall, dass sich die Militärbehörden der Chinesischen Volksrepublik in den späten 1950er Jahren auf der Suche nach einem Gelände zum Testen von Plutonium- und Wasserstoffbombe für diese äußerst entlegene Region entschieden. Und es ist ebenso wenig ein Zufall, dass diese extrem unwirtliche Gegend am Ostrand des Tarimbeckens zu einem der letzten Rückzugsgebiete für die Wildkamele wurde. Hier, östlich der Taklamakan, in der Wüste Lop Nor, schwanken die Lufttemperaturen im Jahreslauf zwischen minus 30 und plus 50 Grad. Es gibt nur sehr wenige, ausschließlich salzige Quellen und entsprechend kaum Vegetation. Und: Es leben hier keine Menschen; ja über Jahrzehnte war ihnen aus Gründen militärischer Geheimhaltung jeglicher Zutritt verwehrt.

Trotz der vermutlich hohen Radioaktivität lebte und vermehrte sich *Camelus ferus* in diesem wüsten Landstrich ungestört. Erst nachdem China 1996 den Kernwaffenteststopp-Vertrag unterschrieben hatte, begann die Zivilisation auch hierher vorzudringen. Und die Kamelpopulation schwand rapide.

Die Gründe für Letzteres sind bis heute virulent: Eine Gefahr bilden die Wilderer. Arge Bedrohung bringen auch die stete Ausweitung der menschlichen Siedlungen und Industriezonen und die intensive Viehhaltung an den Wüstenrändern mit sich, die das ohnedies rare Weideland aufbraucht; weiters die giftigen, beim – oft illegalen – Schürfen von Gold und Eisenerz entstehenden Abwässer. Dazu kommt die Kreuzung mit in die Wüste entlaufenen, zahmen Baktrischen, welche das Genmaterial schwächt und längerfristig zu vermehrten Attacken durch Wölfe, die einzigen für Wildkamele gefährlichen Raubtiere, führen dürfte.

Der Gesamtbestand an *Camelus ferus* auf chinesischem Boden – in den Reservaten von Altun Shan-Lop Nur, Dunhuang, Mazongshan und Aksai – wird auf maximal 600, im mongolischen Schutzgebiet auf gerade einmal 400 geschätzt.

Bereits 2002 wurde das Wildkamel durch die Weltnaturschutzunion (IUCN) auf die Rote Liste der vom Aussterben bedrohten Arten gesetzt. Fachleute fürchten, dass die gegenwärtig noch lebenden Populationen von insgesamt knapp 1.000 Tieren innerhalb der nächsten 30 Jahre um weitere 80 Prozent schrumpfen könnte. Einen Hoffnungsschimmer könnte der Plan bedeuten, wilde, zweihöckrige Kamele quasi als Stellvertreter für die in der Eiszeit verschwundene Kamel-Spezies im Pleistozän-Park im nordöstlichen Sibirien einzuführen (www.pleistocenepark.org respektive www.pleistocenepark.ru).
Im Bild oben: Schutzpatron John Hare (siehe Kapitel 12) an seinem bevorzugten Platz.

12 Hoch der König der Gobi!

John Hares Rettungsprojekt für die Wildkamele

Die öffentliche Wahrnehmung von *Camelus ferus* im Westen ist, so gering sie auch sein mag, untrennbar verbunden mit dem Namen John Hare. Als der erfahrene britische Forscher, Autor und Naturschützer Mitte der 1990er Jahre im Rahmen einer russischen Expedition in die mongolische Gobi-Wüste vordrang, löste dies in ihm ein intensives Interesse an jener faszinierenden Spezies aus. Im Folgejahr erhielt er als erster Ausländer seit 45 Jahren die Genehmigung der Behörden in Beijing zum Zutritt in Chinas bisheriges Kernwaffentestgelände Lop Nor. Wenig später gründete er in Großbritannien die Stiftung zum Schutz des Wildkamels (WCPF). Deren einziger Zweck: dieses einzigartige Tier, das er kurz darauf in seinem gleichnamigen Bestseller als »König der Gobi« titulieren sollte, vor dem Aussterben zu bewahren.

Seit damals hat die gemeinnützige Stiftung – als deren ehrenamtliche Schirmherrin übrigens die Schimpansenforscherin Jane Goodall fungiert – dank einem weltumspannenden Netz von unterstützenden Institutionen und Spendern beachtliche Erfolge erzielt. So assistierte sie zum Beispiel der staatlichen chinesischen Umweltschutzbehörde bei der Errichtung des »Nationalen Naturschutzgebiets für Wildkamele Lop Nor«. Dieses mit 155.000 Quadratkilometern weltgrößte Reservat erstreckt sich östlich des Tarimbeckens, im Südwesten der Provinz Xinjiang. Es umfasst die Wüsten Gashun Gobi und Kumtag, das Aqike-Tal, als Ausläufer des Tien Shan die Kuruk-Tagh-Berge sowie, im Zentrum der Region, den ausgetrockneten Salzsee Lop Nor. Nur zwei Jahre später (2004) errichtete die Stiftung in Zakhyn Us im Südwesten der Mongolei das erste und bis heute weltweit einzige Zuchtzentrum für Wildkamele. Aus den ursprünglich nur 8 Tieren sind hier mittlerweile 35 geworden, von denen in zwei Tranchen (2013 und 2015) bereits 6 erfolgreich in ihren natürlichen Lebensraum entlassen wurden. Weitere Freisetzungen waren 2021 für die nächste Zukunft geplant.

Detaillierte Informationen zur Wild Camel Protection Foundation (WCPF) bietet www.wildcamels.com. Auf deren – auch deutschsprachiger – Homepage finden sich ein Link für dringend benötigte Spenden (Spendenkonto Wildkamel, Empfänger: Altweltkamele e. V., IBAN: DE20855901004557896711, BIC: GENODEF1NGS) und auch zum Onlineshop für Hares Bücher: *The King of the Gobi. The story of the wild camel*, *Mysteries of the Gobi* und *Auf den Spuren der letzten wilden Kamele*. Mehr erfährt man unter www.johnhare.org.uk. Postkontakt bei weiteren Fragen: The Wild Camel Protection Foundation, School Farm, Benenden, Kent TN17 4EU, England, UK.
Im Bild: John Hare bei minus 30 Grad im Zuchtzentrum Zakhyn Us.

13 Ambulante Vorratskammer

Wozu der Höcker dient

Es kursieren unzählige faszinierende Geschichten rund um die physiologischen Besonderheiten des Kamels. Dieser wundersame Wüstenbewohner vermag die heißesten Regionen der Erde wie die Sahara oder Gobi zu durchqueren. Er kann unbeschadet stark salzhaltiges oder bitteres Wasser trinken, an dessen Genuss alle anderen Säugetiere zugrunde gingen. Drohen Beduinen oder Wüstenforscher unterwegs zu verdursten, dient ihnen nicht selten die in den Mägen verendeter (oder in höchster Bedrängnis getöteter) Kamele gefundene Flüssigkeit als lebensrettende Notration. Entsprechend begeistert haben zahlreiche Entdeckungsreisende, von Sven Hedin und Théodore Monod bis Carlo Bergmann und Bruno Baumann, die einzigartigen Eigenschaften dieses für sie so unverzichtbaren Reit- und Packtieres gepriesen.

Was seine Fähigkeit betrifft, wochenlang ohne Trinken auszukommen, so ist der Irrglaube weit verbreitet, Kamele nützten ihren Höcker als Reservetank. In Wirklichkeit speichern sie in ihm nicht Wasser, sondern Fett. Der Höcker fungiert quasi als ein von Mutter Natur auf den Rücken geschnallter Kraftriegel. Das darin gelagerte Fett enthält zwar auch Wasser. Doch der Energieaufwand für dessen Umwandlung wäre für gewöhnlich zu hoch. Nur im Falle völliger Auszehrung diffundiert das im Gewebe gebundene H_2O, bis zu 40 Liter übrigens, durch Fettverbrennung in das System. Der Höcker schrumpft dann dramatisch und kann nahezu verschwinden. In dem fälschlichen Mythos vom Wasserrucksack steckt also sehr wohl ein Körnchen Wahrheit.

Bleibt die Frage, weshalb Kamele ihr Fett nicht wie die allermeisten übrigen Säugetiere andernorts am Körper speichern. Nun, für Eisbären, Walrosse oder Bisons in der Arktis sind Rundum-Isolierschichten gewiss sehr zweckdienlich. In sengenden Wüsten hingegen tut es gut, durch eine möglichst fettfreie, ergo dünne Unterhaut möglichst viel Hitze nach draußen abgeben zu können.

Schlappe Höcker wie bei diesem Trampeltier in den Weiten der Steppe von Südkasachstan zeugen von längerfristig karger Kost.

14 Lagern und verdauen

Ein Magen-Darm-System der speziellen Art

Die landläufige Meinung, ihr Höcker diene Kamelen als Wasserspeicher, wurde im vorigen Kapitel widerlegt. Hier soll nun ein weiteres verbreitetes Missverständnis als solches entlarvt werden: Auch wenn schon Plinius der Ältere, vor 2.000 Jahren unbestritten eine Autorität der Naturkunde, in jenen »Wassersäcken«, die er im Kamelmagen ortete, die Hauptursache für das Überleben der zähen Tiere in Wüsten zu erkennen vermeinte. Und gerade weil diese Vermutung seither, stichhaltigen Gegenbeweisen zum Trotz, mit lähmender Regelmäßigkeit wiederholt wird, muss mit Nachdruck gesagt sein: Nein, auch ihr Magen dient Kamelen nicht als Wasserreservoir.

Als im frühen 19. Jahrhundert der Arzt und Anatom Sir Everard Home in London erstmals eine Dissektion des Verdauungsorgans vornahm, war ihm klar: Es ist gänzlich ungeeignet, Wasser zu speichern. Kamele käuen, wie viele andere Paarzeher, wieder und besitzen drei Vormägen. Sie pflegen den vorverdauten Nahrungsbrei wieder und wieder hochzuwürgen, erneut zu zerkauen und zu schlucken, ehe er am Ende von Kompartiment Nummer drei der eigentlichen Verdauung im Labmagen zugeführt wird. Zwecks Verarbeitung ihres rein pflanzlichen Futters müssen sie Unmengen an Wasser trinken. Mit diesem werden in der ersten Kammer die Zellulose zerteilt und die dabei entstehenden Verbindungen resorbiert. Die spezielle Drüsenschleimhaut dieser riesigen Gärkammer (im Fachjargon: deren mehrschichtig verhorntes Plattenepithel) verleiht Kameliden einen im Vergleich zu echten Wiederkäuern immensen Vorteil: Denn dank ihr verlieren sie im Falle starker Dehydrierung pro Tag nur zwei Prozent ihres Gesamtgewichts – nur halb so viel wie Schafe und ein Drittel im Vergleich zu Rindern. In Summe können Kamele ohne negative Folgen mehr als 35 Prozent ihres Gewichts in Form von Körperflüssigkeit verlieren, ergo 20 und mehr Tage überleben. Rinder indes gehen ohne Wasser bereits nach vier, Schafe nach sieben Tagen zugrunde.

Dehydrierte Kamele nutzen das Wasser aus ihrem Verdauungstrakt mittels Absorption als Quelle. Drei Viertel ihres Gewichts bestehen aus Flüssigkeit, und solange sie etwas fressen, steht ihnen diese über ihren Magen zur Verfügung. So können sie mehr als drei Wochen nichts trinken und dennoch normal Nahrung zu sich nehmen. Bei einem Versuch bekam ein Tier sogar 51 Tage lang kein Wasser, sondern nur Heu verabreicht. Erst gegen Ende verlor es seinen Appetit. Da hatte es 37 Prozent seines Körpergewichts eingebüßt.
Im Bild: durstige Rennkamele auf einer Trainingsfarm bei Dubai.

15 Ein kostbarer Körpersaft

Das Besondere am Kamelblut

Sind Kamele durstig, trinken sie ohne Unterlass. Man beobachtet fasziniert, wie ihre Halsmuskeln kontrahieren, während sie wie Dampfmaschinen das Wasser hochpumpen und sich ihr Bauch mehr und mehr ausdehnt. Ein 600 Kilogramm schweres Tier ist so imstande, binnen nur drei Minuten das gesamte über zwei und mehr Wochen angehäufte Flüssigkeitsdefizit von 200 Litern auszugleichen. Andere Säugetiere würden bei solchem Vorgehen im Nu an Hämolyse, dem Zerfall ihrer Erythrozyten, sterben. Doch die roten Blutkörperchen der Kameliden, ungewöhnlich elliptisch in ihrer Form, sind extrem osmosebeständig. Deshalb nimmt kein anderes Tier, ungeachtet der aufgenommenen Menge, so rasch Wasser in seinen Blutkreislauf auf.

Für die künftige Nutzung von Kamelblut durch die Wissenschaft eminent wichtig ist die besondere Beschaffenheit seiner Antikörper. Zehnmal kleiner als bei anderen Säugern, können diese sogenannten Nanobodies viel weiter in Organe eindringen, um in deren Tiefengewebe Krankheitserreger zu bekämpfen. Auch in anderen medizinischen und biotechnologischen Anwendungsbereichen eröffnen sie vielfältige Möglichkeiten: etwa bei akuten Verschlüssen oder Verengungen von Herzkranzgefäßen, bei Alzheimer und Krebs. Zudem wird das Hyperimmunserum von Dromedaren neuerdings für Mensch und Tier, weil es große Vorteile gegenüber aus Pferden produzierten Antisera zeitigt, als Gegengift etwa bei Skorpionstichen und Schlangenbissen verwendet.

Und zum Beispiel auch im Kampf gegen das Aidsvirus, bei Diagnostika oder in der Histologie, wo ihre Winzigkeit viel feinere Zellstrukturen erkennen lässt, eröffnen Antikörper von Kameliden verblüffende Chancen. Das von Ulrich Wernery, einem der beiden Autoren dieses Buches, gegründete und wissenschaftlich geleitete Central Veterinary Research Laboratory (CVRL) in Dubai ist auf verschiedenen Feldern dieses Bereiches seit Langem pionierhaft tätig.

Eine Herde an der Tränke in dem zentraliranischen Städtchen Zavareh, nordöstlich von Isfahan.

16 Kotballen und Urinsalz

Flüssigkeit sparen selbst beim Verdauen

Die Fähigkeit der Kamele, den Flüssigkeitsverlust zu minimieren und so selbst bei größter Hitze wochenlang ohne Wasser auszukommen, ist legendär. Ihr liegen diverse physiologische Eigentümlichkeiten zugrunde. Zwei besonders faszinierende betreffen die Ausscheidungsorgane.

Ihre Nieren sind so wirkungsvoll, dass sie selbst Wasser mit mehr als drei Prozent Kochsalzgehalt problemlos verarbeiten. Dank besonders langer sogenannter Henlescher Schleifen, jenem zentralen Abschnitt der Nierenkanälchen, der Säugetieren den Entzug von Wasser aus ihrem Harn ermöglicht, vermögen sie große Flüssigkeitsmengen in den Organismus zu reabsorbieren. Der Urin wird so maßgeblich eingedickt und kann, wovon dann weiße, aus Salzkristallen gebildete Streifen an den Hinterbeinen zeugen, beim Absetzen nahezu doppelt so viel Salzanteil wie Meerwasser aufweisen. Zusätzlich eine wichtige Rolle bei der Regulierung des Wasserhaushalts spielt, ähnlich übrigens wie bei Haien, Harnstoff: Die Abgabe dieses Endprodukts des Proteinstoffwechsels in den Urin kann im Falle drohender Austrocknung stark reduziert, das heißt in den Nieren zurückbehalten werden. Das dadurch dem System wieder zugeführte Wasser wird hernach, wenn dem Tier wenig Futter zur Verfügung steht, mittels der mikrobiellen Darmflora im ersten Vormagen in Eiweiß resynthetisiert.

Von vergleichbarer Bedeutung wie dieser renale Mechanismus ist, was den Erhalt von Körperflüssigkeit betrifft, die Reduktion des Wassergehalts im Kot. Kameliden produzieren auffällig kleine, harte und trockene Ballen – für Beduinen der ideale Brennstoff, etwa zum Teekochen. Spezielle Zellen im Dickdarm bewirken, dass dem Exkrement der überwiegende Teil des Wassers entzogen und wieder in den Organismus eingespeist wird. Deshalb verlieren Kamele durch Defäkation täglich nur 1,3 Liter, das entspricht etwa einem halben Liter auf 100 Kilogramm Körpergewicht.

Kamele sondern durchschnittlich pro Tag bloß rund einen Liter Urin ab. Das ist extrem wenig für Tiere dieser Größe. Zum Vergleich: Pferde scheiden täglich etwa die zehnfache Menge aus, und Rinder allein durch ihr Gedärm 20 bis 40 Liter Flüssigkeit. Kein Wunder, dass Letztere ohne Möglichkeit zu trinken binnen ein paar wenigen Tagen verdursten.

17 Ein Thermo-Turbo

Temperaturmanagement zwischen 34 und 42 Grad

Wie ökonomisch und umweltgerecht die Evolution bei der Entstehung des Kamels vorgegangen ist, zeigt sich auch beim Thema Körpertemperatur. Denn im Gegensatz zu den allermeisten Säugetieren kann bei diesem lebenden Lkw auf vier Beinen – die schnöde technoide Metapher sei ausnahmsweise erlaubt – der Motor kaum heiß laufen. Ist er mit Wasser versorgt, pendelt seine Betriebstemperatur über den Tag im Normalbereich, das heißt zwischen 36 und 38 Grad Celsius. Bei Flüssigkeitsmangel hingegen beträgt die Schwankungsbreite höchst erstaunliche 6 bis 8 Grad. Dann kann das Thermometer bei rektaler Messung erstaunlicherweise zwischen 34 und 42 Grad anzeigen. Das innere Thermostat der Tiere passt sich also jeweils an die äußeren Bedingungen an.

Indem sich dürstende Kamele tagsüber aufheizen, reduzieren sie die Übertragung der hohen Lufttemperatur auf den Körper und somit den Wasserverlust durch Transpiration. Andererseits wird durch das »Fieber«, das ja keines ist, weil es keine Krankheitserreger bekämpft, tagsüber Hitze gespeichert. Des Nachts kann das Tier dann abkühlen, ohne Wasser zu verbrauchen. Im Gegenzug dauert es, wenn seine Temperatur in der Kühle der Nacht überdurchschnittlich bis auf frühmorgendliche 34 Grad abfällt, ungleich länger, bis sie am Folgetag wieder Höchststände erklimmt. Auch dies ein Energiespareffekt.

Freilich müssen selbst solche Überlebensweltmeister dafür Vorsorge treffen, dass ihre Körpertemperatur nicht maßlos und selbst für sie bedrohlich überschießt. Davor bewahrt sie zum einen eine ganz spezielle, im Kopf integrierte Art Kühlanlage (deren Funktionsweise im nächsten Kapitel näher erläutert wird). Zum anderen pflegen auch sie zu schwitzen. Der Schweiß, den sie – übrigens in nur moderaten Mengen und ohne zu keuchen – produzieren, verdunstet freilich direkt an der Hautoberfläche. Das Fell bleibt trocken, wodurch sich der Feuchtigkeitsverlust ebenfalls verringert.

Biologische Studien zeigen, dass ein geschorenes Kamel etwa 50 Prozent mehr Wasser zum Schwitzen verbraucht als ein Artgenosse mit natürlichem Fell. Letzteres sorgt also für einen Kühleffekt, der wiederum dazu führt, dass die Tiere weniger anschwitzen und somit Wasser sparen. Forscher des MIT in Cambridge/USA haben eine Technologie entdeckt, die mittels eines Doppelschicht-Materials aus Hydrogel und Aerogel das Fell-Drüsen-System der Kamele nachahmt und so Objekte bis zu 200 Stunden ohne externe Energieversorgung kühl zu halten vermag.

Im Bild: Dromedar-Boliden beim nächtlichen Training auf der Rennbahn Al Marmoum.

18 Kühlanlage im Kopf

Spezieller Hitzeschutz beim Atmen

Höcker, Nieren, Magen, Darm … Kamele weisen über den ganzen Körper verteilt spezielle morphologische und physiologische Anpassungen auf, mittels derer sie in trockenheißem Klima bei Bedarf den Wasserverbrauch drastisch herabsetzen können. Selbst in ihren Köpfen finden sich außergewöhnliche Mechanismen eingebaut.

Ist ein Kamel dehydriert, atmet es sehr trockene Luft aus. Der Grund: Tagsüber trocknet die inhalierte heiße Luft die in einem fort abgesonderten Nasensekrete aus. Diese bilden entlang der innernasalen Oberflächen eine Schicht aus vertrocknetem Schleim und Zellresten, welche stark hygroskopisch wirkt. Soll heißen, sie entzieht beim Ausatmen der Luft ihren zuvor in der Lunge aufgenommenen Wasserdampf, sodass deren Feuchtegehalt am Ausgang der Nase nur mehr fünf Prozent beträgt.

Dieser Effekt dient neben der Wasserersparnis auch der Kühlung wesentlicher Organe. Solange sie den Normalwert nicht mehr als sechs Grad übersteigt, beeinträchtigt erhöhte Körpertemperatur bei an Wüstenverhältnisse adaptierten Tieren das meiste Körpergewebe nicht. Das Gehirn jedoch und die Zellen der Netzhaut können bei langfristig erhöhter Bluttemperatur sehr wohl Schaden nehmen.

Unterhalb des Gehirns verzweigt sich, ausgehend von der Halsschlagader, ein Geflecht dünner Blutgefäße in den *Sinus cavernosus*, einen erweiterten Raum in der harten Hirnhaut. Ebendort ist dieses Netzwerk von den sogenannten Jugularvenen umgeben, welche Blut aus der Nasenregion zurück Richtung Herz transportieren. Und jenes venöse Blut senkt, deutlich kühler als das in die Gegenrichtung, vom Herz zum Kopf strömende arterielle Blut, dessen Temperatur. Und zwar um vier bis sechs Grad, wodurch es Augen und Gehirn vor Schädigung bewahrt.

Bleibt als letzte Schutzmaßnahme noch zu erwähnen, dass ein Kamel kraft dicker Muskeln bei Sandstürmen seine Nasenlöcher stark verengen kann.

Auch beim Auge hat die Evolution spezielle Vorsorge getroffen: Eine Doppelreihe extrem langer Wimpern verhindert im Verbund mit konstantem, bei Sturm zusätzlich verstärktem Tränenfluss das Eindringen von Sandkörnern und damit von Entzündungen der Bindehaut. Das raffinierteste Schutzsystem gegen Hitze birgt allerdings die Nase des Kamels.

19 Auf schlankem Fuß

Passgänger und Schwielensohler

Kamele gehören zwar zu den Paarzehern, die man auch Paarhufer nennt, doch besitzen sie keine Hufe, sondern Füße. Im Gegensatz zu den meisten anderen Vertretern dieser Säugetierordnung, die mit den hufumkleideten Spitzen der Zehen auftreten, berühren sie den Boden mit dem vorletzten und letzten Glied der Zehen. Sie gehen auf polsterartigen Ballen, die vorwiegend aus Fett und Keratin, also wasserunlöslichen Faserproteinen, bestehen. Diese verhornten Ballen, die sich beim Gang über losen Sand verbreitern, beugen als eine Art Stoßdämpfer Schäden an den langen Beinen vor.

Die Ballen mit ihrer speziellen, elastischen Struktur bewahren sie vor dem Einsinken in weichem Wüstensand oder auch Schnee. Zugleich isolieren sie die Beine gegenüber der oft allzu heißen oder kalten Landoberfläche. Ebenfalls dem Schutz vor extremen Bodentemperaturen, aber auch vor Abschürfungen und anderen gravierenderen Verletzungen dienen die knorpeligen Schwielen an Knien, Ellenbogen und Brustbein. Insbesondere der dicke Keratinpolster an Letzterem gewährt, wenn das Kamel sich niederlässt, eine gewisse Bodenfreiheit, was übergroße Hitze von seiner Bauch- und Brusthöhle fernhält.

Erwähnenswert ist, wenn es um der Kamele »Fahrgestell« geht, auch ihre bevorzugte Art der Fortbewegung: Sie praktizieren eine langsame, majestätische Form des Passgangs. Das heißt, sie bewegen – wie etwa auch Elefanten, Giraffen und einige Pferderassen – abwechselnd jeweils beide Beine derselben Seite zugleich vor und zurück. Während beispielsweise das rechte Hinter- und Vorderbein mehr oder weniger gleichzeitig auffußen und das Gewicht tragen, befindet sich das entgegengesetzte linke Beinpaar in der Luft und schwingt nach vorne. Es ist unter allen Gangarten von Vierbeinern jene, die am wenigsten Energie verbraucht. Das durch sie dem Reiter vermittelte Gefühl, durch die Gegend zu schaukeln, bescherte dem Kamel den Beinamen »Wüstenschiff«.

Ein unverkennbares Merkmal aller Kameliden ist ihr Zehenpaar. Dieses entspricht den sogenannten Mittelstrahlen, dem ursprünglich dritten und vierten Zeh. Die restlichen Zehen sind völlig rückgebildet.
Charakteristisch sind zudem die jeweils zwei gebogenen Nägel, welche, anders als die Hufschalen der übrigen Paarhufer, nur die Vorderkante der Füße schützen. Ein Spezifikum ist weiters das aus der Verwachsung von Mittelhand- und Mittelfußknochen entstandene Kanonenbein. Auch die Unterarmknochen sind teilweise zusammengewachsen.

20 Küchenmeister Schmalhans

Der karge Menüplan der Kamele

Was fressen Kamele? Die simple Antwort lautet: nahezu alles, was Pflanzenfressern prinzipiell mundet. Doch als Bewohner der baumarmen, ariden Zonen ernähren sie sich naturgemäß vorrangig von der harten, trockenen Wüsten- und Steppenflora. Zu ihr zählen vor allem Binsen, Rinde, Kraut- und Stachelpflanzen. Von Frischfutter nehmen sie, je nach Kalorienverbrauch und Üppigkeit der Vegetation, pro Tag zwischen 20 und 50 Kilogramm zu sich. Bekommen sie Trockenfutter, etwa Heu, Gerste, Hafer oder Mais, reicht circa die Hälfte dieses Volumens. Gern verputzen sie auch Essensreste wie Brot, Kekse und Obst, Gemüse- oder Eierschalen, ja sie verschmähen auch getrockneten Fisch und bisweilen selbst Knochenreste und Innereien anderer Tiere nicht. Zu ihrem Ruf als Allesfresser passt, dass selbst Zäune, Matten oder Flechtkörbe vor ihrem Appetit nicht sicher sind.

Erstaunlich ist, wie die Tiere etwa mit den langen Stacheln der Akazien fertigwerden. Die obere Hälfte ihrer haarigen Lippen ist zweigeteilt wie eine Hasenscharte und separat beweglich. Dank diesen und der robusten Maulschleimhaut vermögen sie bis zu einem Zentimeter lange Dornen aufzunehmen. Strecken sie ihren Hals, können sie, was ansonsten Giraffen vorbehalten ist, Futter in Höhen von bis zu 3,50 Meter erreichen. Auch sind sie imstande, mit ihren Kiefern Äste herabzuziehen und dann in aller Ruhe abzufressen.

Im Gegensatz zu Schaf und Ziege verüben die Kameliden in freier Wildbahn – zumindest einzeln betrachtet – keinen Kahlfraß: Als echte Äser nehmen sie von einer Pflanze nur wenige Bissen, ehe sie zur nächsten wandern. So wird die Vegetation, solange die Populationsdichte nicht ein gewisses Ausmaß überschreitet, in ihrer Gesamtheit geschont, sprich: Überweidung vermieden. Ein Zusatznutzen: Mit ihren langen Wimpern und Haaren rund um das Maul bestäuben sie Gräser, Büsche und Bäume.

Bei aller Robustheit: Längst nicht alle Pflanzen eignen sich als Futter. Manche sind zur Gänze giftig, bei anderen sind es zumindest die Blüten oder Blätter. Kamele meiden zwar durchaus von sich aus unbekömmliche Gewächse. Doch manchmal lässt sie ihr Sinn im Stich. Deshalb bedarf es von Seiten der Kameltreiber und Hirten beträchtlichen botanischen Wissens, um die richtigen Weiden auszuwählen.
Im Bild: Dromedare in der grandiosen Felswüste von Al-'Ula im nordwestlichen Saudi-Arabien.

21 Grenzen der Robustheit

Über Krankheiten und andere Gefährdungen

Kameliden besitzen ein spezielles Immunsystem, das ihnen gegen diverse Krankheiten eine im Vergleich zu vielen Wiederkäuern überdurchschnittliche Widerstandskraft verleiht. Dieser ungeachtet, kennt die Veterinärmedizin eine Reihe von gattungsspezifischen Infektionserkrankungen. Die wohl gravierendste sind die Kamelpocken. Sie werden durch Viren übertragen, befallen bevorzugt Jungtiere und enden in der großen Mehrzahl der Fälle tödlich. Erstes sichtbares Symptom ist in der Regel ein Anschwellen des ganzen Gesichts. In der Folge zeigen sich an Lippen, Nasenlöchern und später am ganzen Körper schwere Pockenerhebungen des Gewebes, die erst nach Monaten abfallen. Ebenfalls stark verbreitet und potenziell tödlich ist die durch Insekten übertragene Trypanosomiasis, bei der Parasiten im Blut zu Apathie und letztlich völligem körperlichen Verfall führen. Weitere häufige Plagen sind Lymphadenitis, Räude und Hautschmarotzer wie Kamelfliegen und Zecken. Zu den gängigsten und zugleich gefürchtetsten Gesundheitsproblemen bei Rennkamelen zählen, weil sie die Leistungskraft stark reduzieren, Krankheiten des Verdauungstrakts und naturgemäß der leider gar nicht seltene Bruch eines Vorder- oder Hinterbeines.

Generell erweisen sich Kamele physisch und mental deutlich empfindlicher, als ihr Ruf vermuten lässt. So sind sie sehr anfällig gegen verschmutztes Wasser und unverdauliche Pflanzen. Auch benötigen sie nach strapaziösen Märschen erstaunlich viel Zeit, sich zu erholen. Werden sie allzu forsch angetrieben, verweigern sie freilich ihre Leistung, indem sie sich einfach niedersetzen (während man die weniger weitsichtigen Pferde buchstäblich zu Tode reiten kann). Nicht ohne Risiko ist wegen der beträchtlichen Fallhöhe die Geburt. Und selbst der Paarungsakt birgt aufgrund der frappanten Ungeschicklichkeit beider Beteiligter eine erhebliche Verletzungsgefahr.

Weltweit für Aufsehen sorgte vor einigen Jahren MERS-CoV, ein Virus, das beim Menschen schwere Infektionen der Atemwege verursacht und meist schwer, oft auch tödlich verläuft. Es wurde erstmals 2012 auf der Arabischen Halbinsel identifiziert und wird nach bisherigem Wissensstand von Fledermäusen über Dromedare als Zwischenwirte sporadisch auf Menschen, kaum jedoch von Mensch zu Mensch übertragen. Dennoch mochten es viele Kamelhalter im Nahen Osten kaum glauben, dass just ihre Lieblinge solche Gefahr in sich tragen.

Das Rennkamel im Bild ist freilich nicht krank, sondern nur, weil sensibel, gegen die Kühle der Nacht abgedeckt. Die Maske hat man ihm aus Hygienegründen angelegt.

22 Desaströser Plastikmüll

Todesgefahr durch Ersticken und Verhungern

Die Wahrscheinlichkeit ist hoch, dass Rub al-Chali, das »Leere Viertel«, jene größte Sandwüste der Erde, die nahezu ein Drittel der Arabischen Halbinsel bedeckt, in naher Zukunft in »Volles Viertel« unbenannt werden muss. Denn vor allem im Hinterland von Küstenmetropolen wie Dubai, Abu Dhabi, Doha oder Dammam hinterlassen Heerscharen von Ausflüglern Unmengen an Müll. Vom Wind verblasen und im Buschwerk verfangen oder vom Sand nur oberflächlich verdeckt, ist dieser nicht nur ein unschöner Anblick, sondern eine akute Gefahr für die Tierwelt. So ist einer staatlichen Studie gemäß in den Emiraten etwa die Hälfte der Sterbefälle unter Kamelen auf den Verzehr von Plastik zurückzuführen.

Die neugierigen Tiere beschnüffeln, beknabbern den Kunststoff und – im Irrglauben, er sei essbar – schlucken ihn. Das häufige Ende vom Lied, speziell bei Plastiktüten: Tod durch Ersticken. Kaum minder dramatisch sind die längerfristigen Folgen: In den Mägen bilden die synthetischen Substanzen kalkartige Klumpen, die ein konstantes Völlegefühl erzeugen. Die Tiere verhungern, auch wird ihr Gedärm verstopft oder der Organismus durch die absorbierten Giftstoffe zerstört. Solch schleichendes Sterben ist begleitet von extrem qualvollen Schmerzen.

In den Emiraten hat diese Form der Umweltverschmutzung inzwischen epidemische Ausmaße erreicht. Einen wichtigen Schritt, um ihr entgegenzuwirken, setzt seit 2016 die NGO Goumbook. Ihre in Kooperation mit Umweltbehörden lancierte Kampagne »Drop it!« (»Lass das!«) will das Bewusstsein für die Bedeutung der Wiederverwertung von Einwegflaschen schärfen. Immerhin werden von diesen so unsäglichen Behältnissen in den UAE allein jährlich an die 800 Millionen Stück konsumiert. Gar nicht zu reden von den per anno rund 13 Milliarden Plastiksäcken, die wie jene nur zum minimalen Teil recycelt werden und in freier Natur viele Jahrtausende überdauern.

Ulli Wernery, Veterinär und Autor dieses Buches, vor der »Wall of shame« seines Labors in Dubai. Diesen horrenden Klumpen aus Plastik und anderem Müll fand er im Magen eines verendeten Kamels. Das kleine Plakat appelliert: »Stoppt die Vermüllung!«. Und es beschreibt eindringlich die Agonie vieler Tiere: »Plastikabfall kann rasch töten, wenn er den Darm blockiert; er kann aber auch zu einem langsamen Tod führen, wenn er im Körper seine Giftstoffe freisetzt oder die Tiere, die sich fälschlich gesättigt wähnen, bei vollem Magen verhungern lässt.«

23 Ein Elefantengedächtnis

Niemand behandelt ein Kamel ungestraft schlecht

Das Temperament der Kamele kann man, ungeachtet ihres Geschlechts, getrost als einigermaßen unberechenbar bezeichnen. So erkennen sie ihre Besitzer eher selten bereitwillig als Herren und Gebieter an. Auch laufen sie gern davon und müssen hernach oft stundenlang gesucht werden. Da sie sich von ihren Eignern ebenso unwillig wie von Fremden einfangen lassen, kann man sie ziemlich leicht stehlen. Außerdem seien sie, heißt es, nachtragend und rachsüchtig.

»Hast du ein Kamel geschlagen«, warnt ein arabisches Sprichwort, »gehe lieber rasch zum Markt und verkaufe es, ehe es Vergeltung übt und dich tötet.« Unzählig sind die Geschichten von Tieren, die jenen unglücklichen Zweibeiner, der sie zuvor malträtiert hatte, zertrampelten oder zu Tode bissen. Wobei es keinen Unterschied macht, ob man sie peitschte oder tagelang hungern ließ, ob man ihnen Fußfesseln anlegte oder in einer unsäglich schmerzhaften Prozedur den berüchtigten Nasenpflock einsetzte, um daran die Zügel zu befestigen. Fakt ist: Sind Kamele störrisch oder aggressiv, stecken fast immer menschliche Rohheit und Ignoranz dahinter.

Weil sie auf brachiale Behandlung – verständlicherweise – oft wütend reagieren, ist der Glaube heute noch weit verbreitet, sie würden von *djinns*, Dämonen, abstammen und bisweilen auch in deren unsichtbare Körper schlüpfen. Gemäß Muhammad al-Damiri, der im 14. Jahrhundert mit seiner Enzyklopädie *Hayat al-hayawan* (»Das Leben der Tiere«) das erste große zoologische Wörterbuch auf Arabisch verfasste, wurden Kamele aus den Augen dieser übelwollenden Geistwesen erschaffen. Sie seien – neben Menschen, Meer und Winden – einer der vier Bestandteile, aus denen diese sich zusammensetzen. Auch auf den Rastplätzen dieser Tiere würden Dämonen spuken. Weshalb sie, ganz im Gegensatz etwa zu den dafür äußerst günstigen Pferchen von Schafen und Ziegen, als völlig ungeeignet für Gebete gelten.

Als Indiz für das schlechte Benehmen, das man Kamelen nachsagt, gilt ihre hässliche Angewohnheit zu spucken. Wollen sie nämlich jemanden auf Distanz halten, würgen sie aus ihrem Vormagen eine grünliche, übel riechende Flüssigkeit hoch. Deren überaus stechender Gestank lässt sich selbst durch langes, heißes Duschen kaum neutralisieren.

24 Furchtlose Gesellen

Weshalb Kamele keinen Fluchtreflex kennen

Brünftige Hengste geraten manchmal außer sich, und Stuten verteidigen ihre Fohlen ohne Rücksicht auf Verluste. Und beide können, wenn malträtiert, bisweilen blutig Rache nehmen. Im Allgemeinen jedoch sind Kamele freundliche und friedsame Wesen. In den endlosen Weiten der Wüste entwickeln sie weder innerartliche Aggressionen noch innerhalb der Herden eine ausgeprägte Hierarchie. Ihr Lebensraum ist so riesig und Nahrung so rar, dass – ihre biologische Programmierung scheint dies nahezulegen – der Energieverlust durch streitsüchtiges Verhalten, eine klare Rangordnung oder gar Kämpfe nachteilig wären.

Ihre Ausgeglichenheit und Gemütsruhe verdanken Dromedare und Trampeltiere wohl zuvorderst der Tatsache, dass in ihrer extrem unwirtlichen Lebenswelt, den heißen, schattenlosen Wüsten, keine natürlichen Feinde existieren. Ihre lateinamerikanischen Verwandten hingegen, insbesondere die wild lebenden Guanakos und Vikunjas, sind latent durch Wölfe und Raubkatzen bedroht. Folglich sind sie, nicht unähnlich Pferden, scheu, extrem wachsam, anfällig für Paniken und gleichsam immer am Sprung zur Flucht. Im Gegensatz zu ihnen sah die Evolution für Altweltkamele, die so gut wie nie echten Gefahren ausgesetzt waren, keine Notwendigkeit, sie das Erkennen von Bedrohungen und die prompte Reaktion darauf zu lehren. Sie bekamen genetisch offensichtlich ein stoisches Wesen eingeschrieben.

Dies ist der Grund, weshalb im Fall der Begegnung zweier einander fremder Herden in freier Wildbahn – in krassem Gegensatz zu den meisten anderen Spezies, man denke an Ameisen oder Hunde, Pferde oder auch uns Menschen – keine Territorialkonflikte ausbrechen. Um die äußerst knappen Ressourcen zu wetteifern, lohnt schlicht nicht. Unter besagten Umständen ist es viel angebrachter, friedvoll in unterschiedliche Richtungen weiterzuziehen oder zu einer neuen, gemeinsamen, größeren Herde zu verschmelzen.

25 Ruhig, gesellig, egalitär

Ein (fast) vorbildliches Sozialverhalten

Aus Soziologensicht sind Kamelherden längerfristig instabil, soll heißen: Sie entstehen nur temporär als Zweckgemeinschaften. Und enge Familienbande existieren nicht. Ebenso wenig ist Paarbildung ein Thema: Einzelne Hengste können bis zu 100, ja 200 Stuten decken. Sobald ein Muttertier sein Fohlen von der Milch entwöhnt hat, gehen die beiden getrennte Wege. Ihre ursprüngliche Bindung verflüchtigt sich rasch. Wobei eine Kamelmutter ihr Jungtier kaum jemals leckt. Ein kleines Nasenreiben, ein kurzes Schnüffeln am Genitalbereich sind das Höchste an sichtbaren Gefühlsregungen. Und sollten sich die beiden künftig erneut begegnen, zeigen sie füreinander völlige Indifferenz. Wie sich überhaupt zwischen einzelnen Tieren selten besondere Verbundenheit oder Abneigung beobachten lassen.

Andererseits sind Kamele sehr wohl gesellige Geschöpfe: Über lange Distanzen unterwegs, ziehen sie es vor, eines hinter dem anderen zu marschieren. Werden sie freilich nervös und fühlen sich bedroht, wechseln sie im Nu auf Pulk-Formation. Rasten sie tagsüber, sitzen sie meist jedes für sich. Für die Nacht hingegen rücken sie dicht an dicht, um sich aneinander zu wärmen und die Gemeinschaft der Herde physisch zu spüren.

In ihrem sehr aufschlussreichen Buch »Kamele sind anders« zeichnet Gabriele Heidicke, eine deutsche Kamelhalterin, die unweit von Berlin erfolgreich einen Zucht- und Reitbetrieb führt, ein überaus warmherziges Psychogramm ihrer Trampeltier-Kommune: »Die Kamele«, schreibt sie, »leben in ihrer sozialen Gemeinschaft in gewisser Weise eine Menschheitsutopie: Alle Individuen sind gleichwertig. Keiner hat ein Vorrecht, auf Kosten anderer zu leben. Niemand wird gedemütigt, bekämpft oder ausgegrenzt. Die Erfahrenen leiten die Unerfahrenen. Die begrenzten Ressourcen an Nahrung und Wasser führen nicht zu Kämpfen oder Kriegen, sondern zu einer Energieeffizienz, die ihresgleichen sucht.«

26 Streichelweich und jovial

Das Kamel als therapeutischer Assistent

Geht es darum, das Erleben und Verhalten von Menschen mit seelischen Störungen, geistigen Behinderungen, psychischen oder neurologischen Erkrankungen positiv zu beeinflussen, werden seit Langem schon gezielt Pferde, Hunde, Katzen, aber etwa auch Delphine eingesetzt, um zu heilen oder zumindest Symptome zu lindern. Auch Lamas und Alpakas leisten mittlerweile nicht selten gute Dienste. Altweltkamele hingegen werden bislang nur ganz vereinzelt als heilsame Begleiter genutzt.

Als vermutlich erster Kamelhalter in Deutschland hat in den Nullerjahren Wilhelm Breitling (siehe Kapitel 27) mit Dromedaren tiergestützte Therapie betrieben. Es habe sich gezeigt, resümierte er, dass Kamele bei nahezu allen Behandlungsformen gleich gute, wenn nicht bessere Ergebnisse brachten.

Zu verdanken sind die Erfolge wesentlich dem ruhigen Gemüt der Höckertiere. Da sie sich für gewöhnlich langsam und wenig bewegen, ist ihr Stoffwechsel und in der Folge auch der Tonus ihres Muskelgewebes niedrig. Diese innere Entspanntheit vereinfacht den Einstieg in die Therapie: Anstatt wegzulaufen, legen sich Kamele, da sie in menschlicher Obhut rasch Körperkontakt schätzen lernen, in vielen Situationen lieber hin. Was schweren und hinfälligen Patienten das Aufsitzen und Kindern generell die Annäherung erleichtert. Ihre Gelassenheit lädt zum Anlehnen, Streicheln, Schmusen ein und überträgt sich auf den Menschen.

Hinzu kommt als weitere artspezifische Eigenschaft, dass sich ein harmonisch sozialisiertes Kamel so wie seinesgleichen auch fremden Zweibeinern stets freundlich defensiv annähert, vorab keine Antipathien kennt. Indem es einem seinen massigen Schädel zur Begrüßung wohlwollend entgegenstreckt und vielleicht sogar sanft ins Gesicht pustet, bietet es Kontakt arglos an, ohne ihn drängend einzufordern – eine vor allem von ängstlichen Menschen als sehr vertrauensfördernd empfundene Form der Erstbegegnung.

Die Therapie mit Alt- wie mit Neuweltkamelen zeitigt besonders positive Ergebnisse bei autistischen Kindern oder solchen mit ADHS-Syndrom. Sie findet aber auch Anwendung bei Menschen jeden Alters mit Behinderung, Traumatisierung oder psychischen Erkrankungen. Für Anbieter existiert bislang leider keine formale Qualifikation. Angestrebt werden die Festlegung von Qualitätsstandards und eines einheitlichen Berufsbildes, dessen Anerkennung von Seiten der Behörden und die Übernahme der Kosten durch die Krankenkassen.

27 Artgerechte Aufzucht

Ausbildung zum Reit- oder Arbeitstier

Warum nicht mit ein paar raumplanerischen Regeln beginnen? Der empfohlenen Mindestgröße eines Stalls für Kamele zum Beispiel: Sie beträgt in Deutschland, einen immer freien Zugang nach draußen vorausgesetzt, vier, bei zeitweise verschlossenem Tor zehn Quadratmeter pro Tier. Das in jedem Fall unverzichtbare Gehege sollte für eine Dreiergruppe nicht unter 500, für jedes weitere Tier wenigstens 150 Quadratmeter messen.

Ein Grundgebot bezüglich Verhalten der Ausbildner lautet: stets Ruhe und Geduld im Umgang pflegen, keinen Schmerz zufügen, überhaupt jede Stress- und Gewalterfahrung vermeiden. Denn nur dann begegnen Kamele dem Menschen ohne Aggression, ist ein lebenslang vertrauensvolles Verhältnis aufbaubar. Die leider in vielen Ländern noch übliche Verwendung von Marterutensilien wie Nasenpflöcken, -riemen, -ringen, Kettenhalftern oder metallenen, ergo die Gelenke blutig scheuernden Fußfesseln sind absolutes No-Go. Andererseits besteht eine Hauptaufgabe bei Jungtieren darin, sie keinesfalls auf die fatale Idee zu bringen, der schmächtige Zweibeiner sei ihnen körperlich unterlegen. Für gewöhnlich möchten Kamele lieber fressen als laufen und lieber rasten als arbeiten. Haben sie nicht von Geburt an gelernt, den Menschen in der Rolle eines erfahrenen Leitkamels zu akzeptieren, droht dauerhafter Kontrollverlust.

Wichtig ist, dass Jungtiere baldigst das Bürsten, Pflegen und überhaupt Berührungen als positiv empfinden lernen. Auch an das Anlegen von Fesseln, deren Gebrauch später etwa bei medizinischen Behandlungen oder Transporten unumgänglich ist, sollte man sie zeitig gewöhnen. Erfahrene Kamelhalter empfehlen, zu unterbinden, dass Fremde ihre Schützlinge mit Leckereien verwöhnen. Andernfalls, sagen sie, sähen die Tiere im Menschen bloß noch Futterlieferanten und büßten auf Dauer ihre Bereitschaft zur neugierigen, ergebnisoffenen Kommunikation ein.

Wilhelm Breitling gilt als Pionier unter Deutschlands Kamelzüchtern. Der Landwirt betrieb 1990 bis 2013 in Rotfelden im Schwarzwald mit großem Erfolg einen Kamelhof und veröffentlichte hernach ein umfassendes Buch über seine Erfahrungen und die Praxis der Haltung (»Ein Leben mit Kamelen«, www.morija.de). Darin listet er im Kapitel »Ausbildung« unter anderem in Stichworten äußerst aufschlussreich deren einzelne Stufen auf, vom Streicheln, Anbinden und Führen über das selbstständige Gehen in der Koppel und im Freien bis zur Gewöhnung an das An- und Auflegen von Bauchgurt, Decke und Sattel sowie das Reiten mit Personen.

28 Touristengondel

Zwischen Freizeitspaß und Wüstensafari

Gleich, wo man auf der Welt in Wüstengebieten weilt: An Möglichkeiten, auf hohem Höcker einen touristischen Ausritt zu unternehmen, herrscht kein Mangel. Als absoluter Klassiker gilt eine Runde zu Füßen der Pyramiden auf dem Kairoer Gizeh-Plateau. Nicht minder populär, weil fotogen, sind Spritztouren im Kamelsattel durch Jordaniens Fünf-Sterne-Ruinenstätte Petra oder, gleich nebenan, im Wadi Rum. Noch näher am europäischen Urlaubsgeschehen harren auf den Kanaren reihenweise Dromedare reitwilliger Feriengäste. Und auch mancherorts in Asien, in Rajasthan zum Beispiel in Jodhpur und Jaisalmer, im zentraltürkischen Göreme oder am Ostrand der Gobi, in den Dünen von Dunhuang, treten Kamele einander, oft in langen Kolonnen und bepackt mit Gruppentouristen, gleichsam auf die Zehen.

In der Regel holen sich Reisende an diesen massentouristischen Brennpunkten einen flüchtigen Abenteuerkick mit einem Touch Orientexotik. Mit einer Schnupperstunde, maximal einem halben Tag, Selfie-Serie inklusive, ist es dabei getan. Doch es geht auch anders: Wer mit der Wüste ernsthafter im Passgang auf Tuchfühlung gehen will, findet auch hierfür rund um den Globus ein reichhaltiges Angebot. Ob vom Süden Marokkos oder Tunesiens in die Sahara, ob durch das mit spektakulären Dünen bestückte Hinterland von Dubai und Abu Dhabi, ob in Omans Wahiba Sands, den Wüsten Thar und Kalahari oder den Steppen der Mongolei, aber etwa auch im ariden Norden Kenias, in Tansanias Savanne oder der Kizilkum in Usbekistan: Überall organisieren mittlerweile erfahrene Veranstalter mehrtägige Kamelsafaris. Und in deren Rahmen erhält man nicht bloß, tagsüber durch stille Wüstennatur schaukelnd, abends am Lagerfeuer und hernach unterm Millionen-Sterne-Zelt schlafend, eine nachhaltige Ahnung vom Reiz echten Nomadendaseins. Man hat auch die Muße, mit den kamelidischen Gefährten eingehend Bekanntschaft zu schließen.

Gute Nachrichten für Kamelfreunde: Seit Jahren kritisieren Tierschützer den Missbrauch von Reittieren an massentouristischen Wüstenorten als exotische »Attraktion«. Als schlimmes Beispiel gelten ihnen die Dromedare (sowie Pferde und Esel) an den Pyramiden von Gizeh. Diese müssen oft stundenlang, mit Futter und Wasser krass unterversorgt, in der prallen Sonne warten oder malochen und werden von ihren rüden Haltern zudem mit Peitschen und Stöcken drangsaliert. Kürzlich aber hat Ägyptens oberste Tourismusbehörde auf Drängen der Tierrechtsorganisation PETA angekündigt, die quälende Reiterei in Bälde verbieten und Touristen künftig in Elektrowägelchen über das Felsplateau kutschieren zu wollen.

Im Bild: Touristenkarawanen am Fuße der bis zu 250 Meter hohen Sanddünen am »Mondsichel-See«. Diese erheben sich südlich der für ihre buddhistischen Höhlentempel berühmten Oasenstadt Dumhuang in der westchinesischen Provinz Gansu.

29 Testosteronüberschuss

Brünftige Hengste und ihr Brüllsack

So ungemein raffiniert die Natur den Kamelkörper für alle Eventualitäten in unwirtlichen Lebensräumen ausgestattet hat, für *ein* Detail an seinem Design gibt es keine einleuchtende Begründung: für die vergleichsweise Winzigkeit des Fortpflanzungsorgans der Hengste. Die Beduinen erklären sich das Kuriosum mit einer Anekdote aus dem Alltag an Bord der Arche Noah. Ihr zufolge soll der Kapitän, nachdem alle Passagiere Quartier bezogen hatten, die männlichen gebeten haben, ihr bestes Stück für die Dauer der Reise abzugeben. Wohin hätte man bei dem akuten Platzmangel auch mit dem zu erwartenden Nachwuchs sollen? Als dann die Sintflut abebbte, die Tiere an Land gingen und wieder mit allem Nötigen ausgerüstet wurden, sei ein Gedränge entstanden, und der kleine Esel habe irrtümlich bekommen, was zuvor des Kamels gewesen war. Vielleicht ist es dieses Manko, das Kamelhengste zur Brunstzeit überaus eifersüchtig werden lässt. So argwöhnisch und aggressiv, dass die meisten, so man sie nicht zu Zuchtzwecken nutzt, vorsorglich schon früh kastriert werden.

Kamele paaren sich saisonal. Ein brünftiger Hengst, auf Arabisch *hadur* genannt, pflegt, von Hormonen getrieben, oft mit den Zähnen zu knirschen und mit Schaum vor dem Mund laut zu röcheln. Spezielle Drüsen im Hinterkopf sondern dann ein dunkles, scharf riechendes Sekret ab, das Weibchen anlockt und zugleich das Revier markiert Auch versprüht er, um die Aufmerksamkeit der Stute seiner Wahl zu gewinnen, durch wildes Peitschen des Schwanzes seinen Urin. Generell werden Männchen in der Brunft äußerst unruhig, verlieren Appetit und in der Folge Gewicht. Und sie werden angriffslustig – manchmal so sehr, dass sie selbst ihren soeben geborenen Nachwuchs attackieren und mittels Bissen und Tritten töten. Und begegnen sie potenziellen Rivalen, lässt ihnen ihr Naturell keine andere Wahl: Ein unerbittlicher Zweikampf ist dann unausweichlich (siehe Kapitel 30).

Zentrales Requisit der Imponiershow brünftiger Hengste ist der Brüllsack (arabisch *doulaa*). Indem sie diesen hellrosa, mit dunkelvioletten Venen durchzogenen Schleimhautsack, der wohlgemerkt keine Zunge, vielmehr einen Teil des Gaumensegels darstellt, aufblähen, sodass dieser als schlabbriger Ballon aus einem Maulwinkel hervorquillt, vermögen sie ein äußerst merkwürdiges Blubbergeräusch zu erzeugen, das die Dame ihres Herzens offenbar nachhaltig betört.

30 Tülüs im Clinch

Der traditionelle Ringkampf in Anatolien

Man kennt den Stierkampf in Spanien und Portugal und vielleicht auch seine harmlose Variante aus dem Oman. Man weiß, dass auf den Philippinen noch Hähne und in manch dunklen Ecken der Welt illegalerweise sogar Hunde aufeinander gehetzt werden. Aber Kamele?

Vorab sei betont: Kamelkämpfe sind, auch wenn es dabei oft temperamentvoll zugeht, unblutig und ernsthafte Verletzungen dabei äußerst selten. Die Besitzer lieben ihre Tiere, pflegen sie mit Hingabe und achten sehr auf ihre Unversehrtheit. Zudem sorgt ein Schiedsrichterteam für Fairplay.

Die Tradition des Wettringens geht auf das 11. Jahrhundert zurück. Anfangs ließen Fernhändler ihre Lasttiere in den Karawansereien zum Zeitvertreib ihre Kräfte messen. Als offizielle Spektakel vor größerem Publikum werden Konkurrenzen seit circa 200 Jahren organisiert. Heute findet Kamel-Wrestling ausschließlich entlang der Ägäisküste, im Raum zwischen Marmarameer und Antalya, statt. Und zwar in den Wintermonaten, wenn die Bauern keine Feldarbeit zu verrichten und die Kamele ihre Brunftzeit haben.

Zum Einsatz kommen ausschließlich männliche Tiere – Hybride von einhöckrigen Stuten und zweihöckrigen Hengsten, die man *Tülü* nennt und heute meist aus dem Iran, Afghanistan oder Pakistan importiert. Sämtliche Kontrahenten werden zu Beginn jedes Events mit bunten Borten, Polstern, Girlanden und türkischen Flaggen herausgeputzt. Um ihre (Streit-)Lust anzufachen, wird ihnen eine Kameldame vorgeführt. Der eigentliche Clinch dauert etwa zehn Minuten. Dabei haben die beiden eifersüchtigen Raufbolde zwecks Vermeidung von Bisswunden ihre Mäuler zugebunden. Auch werden sie mit Seilen gehalten. So kann man sie notfalls, wenn sie es zu wild treiben, trennen. Gewonnen hat, wer das Gegenüber zu Boden gedrückt, zu Fall gebracht, in die Flucht geschlagen oder dessen Trainer dazu bewogen hat, es vorzeitig aus der Arena zu nehmen.

Pro Saison, zwischen November und März, finden in Westanatolien an die 90 Kamelring-Festivals statt – das populärste mit weit über 100 Tieren um Mitte Januar in Selçuk, Provinz Izmir (Bild oben). Es sind regelrechte Volksfeste, veranstaltet auf Fußballplätzen, in antiken Amphitheatern oder natürlichen Arenen. Die Zuschauer bringen ihre eigenen Stühle mit, halten auf den umliegenden Wiesen Picknick, grillen Kebab, sprechen eifrig dem Raki zu. Und Wandermusiker spielen mit *Davul*-Trommeln und *Zurna* zum *Zeybek*-Tanz auf.
Im Bild unten: Die Miniatur schuf der persisch-indische Maler Khwaja Abd al-Samad in der zweiten Hälfte des 16. Jahrhunderts.

31 Ein mühsames Unterfangen

Paarung – Schwangerschaft – Geburt

Kamele paaren sich saisonal und als einzige größere Säugetierart in sitzender Position. Der Geschlechtsakt dauert zwischen 3 und 30, im Durchschnitt jedoch 6 bis 10 Minuten. Während einer Brunft, die sich über etliche Wochen erstreckt, kann ein Hengst 60 bis 80 Stuten belegen. Die Paarungszeit ist relativ kurz. Der Eisprung bei den Weibchen wird daher erst durch den Koitus ausgelöst. Er findet drei bis vier Tage nach diesem statt, sobald die Follikel eine bestimmte Größe erreicht haben. Trächtige Stuten erkennt man daran, dass sie unaufhörlich ihren Schwanz heben. Mit moderner Veterinärtechnologie wie Ultraschall oder Hormontests lassen sich Schwangerschaften ab dem 17. Tag erkennen.

Die Tragezeit beträgt etwa 13 Monate. Üblich sind Geburten von nur einem Fohlen. Eine Besonderheit bei allen Kameliden ist jene glitschige, dritte Membran, die das Neugeborene umgibt. Sie erleichtert die Geburt, trocknet hernach rasch ab und wird von den Muttertieren bisweilen weggeleckt. Gesunde Fohlen stehen schon nach ein paar Stunden auf eigenen Beinen und beginnen umgehend zu saugen. Die Milch, die sie dabei trinken, das sogenannte Kolostrum, ist für ihr Überleben essenziell, denn sie enthält eine Fülle wertvoller Bestandteile, die Neugeborene stärken und bei der Abwehr von Infektionskrankheiten unterstützen. Ihr eigenes Immunsystem nämlich beginnt erst nach sechs bis acht Wochen zu arbeiten.

Hirtenvölker, die Naturweidewirtschaft betreiben, erzielen oft nur magere Zuchterfolge. Die Gründe: eine inkonsequente Bewirtschaftung der Tiere und das Belassen der Weibchen in den Herden ungeachtet ihrer Reproduktionsleistung. Oft finden sich Kamelhalter mit Intervallen von 24 und mehr Monaten zwischen den Geburten ab, obzwar Fälle von Stuten bekannt sind, bei denen der nächste Östruszyklus bereits am ersten Tag nach der Geburt einsetzt.

32 Die Tricks der Beduinen

Neue Mütter für Fohlenwaisen

Kamelstuten verweigern, viel beharrlicher noch als Kühe, wenn ihr Junges nicht zugegen ist, ihre Milch. Deshalb haben Beduinen so phantasievolle wie rigorose Praktiken entwickelt, um einem Muttertier, deren Junges gestorben ist, damit es wieder Milch gibt, ein anderes Fohlen unterzuschieben. Dies gilt im Besonderen in traditionellen, (halb-)nomadischen Gesellschaften, für die Viehzucht die hauptsächliche Einkommensquelle oder sogar Überlebensversicherung schlechthin darstellt – für Ethnien etwa in entlegenen ländlichen Gebieten Nordindiens und Pakistans, Sudans, Somalias, Äthiopiens, Kenias oder auch in Niger, Mali und Mauretanien.

Die Männer der Tuareg zum Beispiel versuchen, wie der deutsche Kulturanthropologe Gerhard Göttler in seinem vorzüglichen Buch über sie schreibt, »mit einer Raubtiermaskerade und Schreckgeschrei einen Schutzreflex auszulösen, der dem fremden Jungen erlauben soll, bei ihr zu trinken«. Oder sie »stopfen das Fell des verstorbenen Fohlens aus und bringen es der Stute beim Melken nahe«. In Arabien stülpt man besagtes Fell auch mehrere Tage lang dem »neuen« Fohlen über.

Zeigt dies keinen Erfolg, greifen die Beduinen zu radikaleren Methoden. Dann verstopfen sie etwa die Nüstern der Stute mit frischem Kamelmist und nähen sie mit Dumpalmfasern zu. So zwingt man sie, durch das Maul zu atmen, auf dass sie den Geruch des fremden Jungtieres nicht wahrnehmen kann. Ein noch viel radikaleres Verfahren besteht darin, der Stute den Anus zuzunähen und zugleich ihren Nüstern blutige Schnittwunden zuzufügen. Hat sich eine große Kotmenge angesammelt, öffnet man den Verschluss. Durch die jähe Entleerung wird eine Geburt vorgetäuscht. Zugleich führen sie der Stute das fremde Fohlen in der Hoffnung zu, »durch die Verletzung der Nüstern den Geruchssinn so beeinträchtigt zu haben, dass sie es als ihr eigenes annimmt und sich in seiner Anwesenheit melken lässt«.

Ein Aberglaube, der bei vielen kamelzüchtenden Völkern verbreitet ist, besagt, beim Geburtsvorgang dürften keine fremden Menschen zugegen sein. Bekämen solche das neugeborene Fohlen zu Gesicht, so die über viele Generationen mündlich überlieferte Sorge, sei die Gefahr groß, dass dieses postwendend sterbe.

33_Zu Tränen gerührt

Das Adoptionsritual der Mongolen

Kamele stehen seit alters im Ruf, positiv auf Musik zu reagieren. So wussten zum Beispiel arabische Karawaniers, wie sie durch rhythmische Gesänge den Gang ihrer Tiere beschleunigen konnten. 1911 konfrontierten Forscher im New Yorker Zoo diverse Tiere mit Klängen aus dem Grammofon. Fotos davon zeigen ein Lama, das wie gebannt davor stehend lauscht, und ein Trampeltier, das seine Schnauze in den Trichter steckt und sanft daran reibt.

Eine besondere musikalische Tradition pflegen Kamelhalter in der Mongolei: Filmfreunde erinnern sich vielleicht an die »Geschichte vom weinenden Kamel«. Die preisgekrönte Dokumentation (2003) erzählt von Nomaden aus der Wüste Gobi, in deren Herde ein Neugeborenes von seiner Mutter verstoßen wird. Daraufhin versucht man, mit Hilfe eines berührenden Rituals die Stute zur Annahme des Fohlens zu bewegen: Ein Mann spielt auf einer *morin khuur*, einer Pferdekopfgeige. Dazu werden die Tiere mit Flötentönen, flehenden Liedern und dem wiederholten Lockruf »Hoos! Hoos!« beschallt. Und die Besänftigung der widerspenstigen Kamelmutter gelingt. Nach einiger Zeit treten ihr tatsächlich Tränen in die Augen, sie beugt sich zu dem Jungen herab und lässt es trinken.

Der Hintergrund: Unter den extrem harschen Bedingungen der mongolischen Steppe bildet Viehzucht das Rückgrat der Nomadenwirtschaft. Werden leibliche Mutterschaft oder Adoption verweigert, stirbt das Fohlen, und der Milchfluss stoppt. Das Überleben der Menschen ist auf doppelte Weise gefährdet. Also holt man – oft von weither – einen speziell ausgebildeten Musiker, der mittels magischer Klänge die Geister zu beschwören und die Tiere zu betören trachtet. Auch wenn seinesgleichen den Kamelhals nicht mehr, wie früher, nach schamanistischer Tradition mit Schafsknochen behängt und dazu das Diamant-Sutra des Buddha rezitiert: Seine Kunst schien der UNESCO schätzenswert genug, dass sie sie 2015 zum immateriellen Kulturerbe erklärte.

40
MONGOLIA
МОНГОЛ
ШУУДАН
1975

MONGOLIA
МОНГОЛ
ШУУДАН
1976

34 Kreuzen und klonen

Gentechnik einst und heute

Alle Kameliden besitzen die gleiche Anzahl von Chromosomen, nämlich 2 mal 36 plus ein Paar zur Bestimmung des Geschlechts. Und sie sind phylogenetisch alle miteinander verwandt. Daher sind innerhalb der Kameliden-Familie Kreuzungen zwischen sämtlichen Arten möglich. Wobei schon in der Vergangenheit etliche Hybride Berühmtheit erlangten.

In der früheren Sowjetunion beispielsweise wurden Dromedare und Trampeltiere häufig gekreuzt. Das Ergebnis, in der Genetik Heterosis-Effekt genannt, waren Mischlinge, deutlich größer, schwerer und fruchtbarer als ihre Eltern. Hybride der ersten solchen Kreuzungen entspringenden Filialgeneration genossen in Ländern wie Kasachstan, Iran oder Turkmenistan hohe Popularität. Sie erhielten eigene Namen wie *Bertuar* (bei der Paarung von Dromedarstute mit Trampeltierhengst) oder *Nar* (im umgekehrten Fall). In der Westtürkei finden sie, als *Tülüs* bezeichnet, bei Ringkämpfen (siehe Kapitel 30) Verwendung.

Seit einiger Zeit beschäftigt sich die Wissenschaft auch eingehend mit Hybridisierungen zwischen Alt- und Neuweltkamelen. Die erste derartige Kreuzung – als Muttertier fungierte ein Guanako, als Vater ein Dromedar – gelang 1998 dem von Dr. Julian (Lulu) Skidmore geleiteten »Camel Reproduction Centre« in Dubai. Sie wurde *cama* (eine Verschmelzung von *camel* und *llama*) getauft und sollte sich längerfristig als eine Art Wüstenmaultier bewähren. Doch erwies sich das höckerlose Geschöpf mit den langen Beinen leider als unfruchtbar und obendrein als Wesen mit wenig berechenbarem Temperament. Im selben Institut schuf man mittels künstlicher Befruchtung beziehungsweise Embryotransfer bald schon weitere Nachkommen von Dromedaren und Neuweltkamelen. Und mittlerweile nutzt man dieselben Reproduktionstechniken, um die zweihöckrigen Wildkamele (siehe Kapitel 10–12) zu retten. So werden Embryos des *Camelus ferus* im frühen Stadium in »Leihdromedare« verpflanzt.

In Dubai wird mit dem finanziellen Backing des Herrscherhauses bereits seit den 1990er Jahren intensiv Reproduktionsforschung betrieben. Hauptziel dabei ist die Optimierung von Rennkamelen. Einen Höhepunkt stellte 2009 die Geburt von *Injaz* (deutsch »Leistung«) im örtlichen »Camel Reproduction Centre« dar. Dieses weltweit erste geklonte Kamel hat inzwischen sogar mehrere Junge geboren. Viel früher schon, kurz nach der Entstehung des Klonschafes Dolly in Schottland (1996), begann man, ebenfalls in Dubai, im »Central Veterinary Research Laboratory« (siehe Kapitel 111) zum Thema zu forschen. Inzwischen wurden in dem Golfstaat mehrere Kamele geklont, von denen einige sogar schon an Rennen teilnahmen.
Im Bild: ein in Dubai geborenes Cama und, unten, der Schädel eines Cama neben dem – größeren – eines Dromedars.

35 Eierlegende Wollmilchsau

Überlebensgarant für Wüstenbewohner

Die glühende Verehrung der Beduinen für das Kamel ist nicht verwunderlich, bedenkt man, was die Wüstenbewohner diesem »größten Geschenk Allahs« alles verdanken: sein – mit zunehmendem Alter allerdings ziemlich zähes – Fleisch (siehe Kapitel 109); seine fettarme, dafür an Mineralien und Vitaminen reiche, von der Fachwelt gleichermaßen ob ihres hohen Nährwerts und gesundheitlichen Nutzens gepriesene Milch (siehe Kapitel 101); die Haut, aus der sich dank außerordentlicher Reißfestigkeit robuste Ledergürtel, -taschen und -sandalen machen lassen, und das Fell, Grundmaterial für Zelte und, aufgrund des außergewöhnlich feinen Flaumhaars, für weiche, wärmende Kleidung und Decken. Selbst die Exkremente erfüllen noch einen Zweck: der Dung, getrocknet, als Brennmaterial und der Urin als einzig verfügbare, garantiert keimfreie Flüssigkeit zur Reinigung von Neugeborenen und Wunden. Auch als Kapitalanlage sind Kamele unverzichtbar. Bräute werden mit ihnen bezahlt und Verbrechen gesühnt.

Bis vor ein, zwei Generationen waren (und sind mancherorts bis heute) erst durch sie in den Weiten der Wüsten soziale Kontakte und Herrschaftsstrukturen, ja ein (Über)Leben generell überhaupt möglich. Darüber hinaus haben sie schon manchen Beduinen vor dem Verdursten gerettet. Denn sie finden oft im letzten Moment eine verborgene Quelle. Und nach ihrem Tod lassen sich aus ihrem Pansenmagen und ihrem Fetthöcker durch Auskochen mehrere Liter wertvollen Wassers gewinnen.

Aus diesem vielfältigen und lebenslangen Nutzen erklärt sich wohl auch die besondere Aufmerksamkeit gegenüber Babykamelen. Sie bekommen, sobald sie nach etwa 13 Monaten im Mutterleib das erste Mal auf eigenen, zittrigen Beinen stehen, zur Unterstützung ihres noch losen Gedärms einen Gurt umgeschnallt, und sie dürfen, damit sie sich an die Gesellschaft des Menschen gewöhnen, bei manchen Volksgruppen sogar einige Nächte im Zelt zubringen.

Einige wenig bekannte Nutzungsarten mehr: Gemäß keinem Geringeren als Aristoteles eignen sich die Genitalien von Kamelhengsten ausgezeichnet zur Herstellung von Bogensehnen. Im alten Europa waren Pinsel aus Kamelhaar hoch begehrt. Und bis heute dienen Kamelknochen dank ihrer Härte und Dichte Miniaturmalern und Intarseuren als idealer Ersatz für das immer schon sehr teure und in jüngerer Zeit strikt illegale Elfenbein.

36 Allahs größtes Geschenk

Dankbarkeit und abgöttische Liebe

Der arabische Chronist Leo Africanus (1495–1550) hat in seiner berühmten »Beschreibung Afrikas« dem Kamel ein ausführliches Kapitel gewidmet. Darin bemerkt er, dass »die Araber nur dank dieser Tiere in der Wüste in Freiheit leben können«.

Die Bedeutung des Kamels spiegelt sich auch in der Geschichte wider, die die Beduinen einander über seine Schöpfung erzählen. Demnach seien, während Gott den ersten Menschen aus Tonerde schuf, ihm zwei Klümpchen derselben entglitten und unbeachtet zu Boden gefallen. Ihnen entwuchsen in der Folge die Dattelpalme und das Kamel – zwei dank des gemeinsamen Ursprungs unmittelbar mit dem Menschen verbundene Wesen. Vielleicht werden die Wüstenbewohner auch deshalb niemals müde, ihre nächsten Gefährten zu beobachten oder über sie zu sprechen. Schier endlose Unterhaltungen am Lagerfeuer drehen sich um das Wohl und Wehe ihrer vierbeinigen Schützlinge. Und selbst Besitzer großer Herden kennen jedes einzelne Tier, pflegen ihnen individuelle Namen zu geben und vermögen es nicht selten allein an der Form und Tiefe des Abdrucks ihres Fußes im Sand zu identifizieren.

Im Alltag, insbesondere auf langen Märschen, verwöhnen die Männer ihre Lieblinge mit Leckerbissen, Haferbällchen zum Beispiel oder entkernten Datteln. Auch unterhalten sie sie mit rhythmischen Gesängen, auf dass sie »frohgemuter« dahintrotten. In diesem Zusammenhang erwähnt Ibn Khaldun, der legendäre Historiograf und Vorvater der modernen Soziologie aus dem 14. Jahrhundert, in seinem Geschichtswerk *al-Muqaddima* eine Gilde von Ausbildern, die in Kairo auf die Vermittlung der von Karawaniers unterwegs auf den schier endlosen Fernhandelsrouten gesungenen Lieder spezialisiert seien. Und im mittelalterlichen Persien liebten es Sufi-Poeten, Parallelen zwischen Liebenden und Kamelen zu ziehen, denn: Beide trügen ihre Last mit Geduld und folgten getreulich ihres Meisters Flöte oder Stimme.

37 Nutzwert über Phantasie

Nur eine Nebenrolle im Reich der Imagination

Richard Bulliet, Historiker und Direktor des *Middle East Institute* an der New Yorker Columbia University, erklärt in einer Studie, wie der Zeitpunkt der Domestizierung den Grad der Intensität im emotionalen Umgang mit einem Tier als Symbol, Objekt der Verehrung oder Repräsentant des Göttlichen bestimmt. »Die frühe Gruppe von Huftieren besaß zu Beginn ihrer Karriere als Haustiere ein hohes Maß an emotionalem, hingegen ein geringes Maß an ökonomischem Nutzwert.« Ihr Fleisch sei zwar gegessen worden. Doch gemolken und geschoren, als Zugtiere für Karren und zum Pflügen verwendet habe man sie erst später, nach und nach. Ihre Schlachtung hingegen sei aufgrund der alsbald gängigen Blutopfer frühzeitig sehr stark ritualisiert gewesen.

»Diese ersten Haustiere«, schreibt Bulliet weiter, »fanden sich sehr häufig auf künstlerischen Darstellungen, in Mythen, religiöser Symbolik, Manifestationen von Gottheiten und Mensch-Tier-Hybriden wieder – vom Lamm Gottes und verschiedenen altägyptischen Göttern bis zu Zeus als Stier, dem zoroastrischen Verethragna als Eber oder diversen Faunen, Satyrn und Minotauren.« Später domestizierte Tiere – zu denen Kamele zählen – repräsentierten weit seltener Götter (obzwar Pferde durchaus himmlische Triumphwägen ziehen, Esel auf ihren Rücken Propheten tragen dürfen et cetera).

Und er schlussfolgert: Das Auftauchen dieser Spätlinge falle zeitlich mehr oder weniger mit den Ursprüngen der ältesten städtischen Zivilisationen an Euphrat und Tigris, Nil, Indus und Huang Ho zusammen, in denen Tiere massenhaft für Arbeiten eingespannt wurden. Damals, um das Jahr 4000, so Bulliet, habe der Mensch aus der Viehhaltung bereits ungleich mehr Nutzen auf praktischer, wirtschaftlicher als auf symbolisch-spiritueller Ebene gezogen. Daher verwundere es nicht, dass Kamele in den Vorstellungswelten und im Ritualwesen der meisten Völker eine eher geringe Rolle spielen.

Tropen, also rhetorische Figuren wie die des »edlen Rosses«, »störrischen Maultieres«, »dummen Esels« oder auch »genügsamen Kamels«, sind in der kulturellen Bildsprache bei Weitem nicht so oft anzutreffen, geschweige denn tief verankert wie der »rasende Stier«, die »nährende Kuh«, die »satanisch lüsterne Ziege«, das »gefräßige und schmutzige Schwein« oder das »rührend sanftmütige Schaf«.
Im Bild: Relief am Tempel der vorislamischen Göttin Allat in der parthischen Ruinenstätte von Hatra im nördlichen Mesopotamien.

38 Der 100. Name Gottes

Über die Bedeutung in Mystik und Aberglaube

»Vater der Einsamkeit«, »Sohn der Geduld«, »Unverzagtes Herz«, »Funkelndes Schwert« oder »Wunder der Tugend« ... Ungezählt sind die Metaphern, mit welchen Dichter die Eigenschaften des Kamels gepriesen haben. Die arabische Sprache kennt Aberhunderte Synonyme für dieses Tier (siehe Kapitel 42). Das Wort *jamal* etwa steht, unterschiedlich betont, sowohl für das Kamel als auch für eine schöne Frau. Will ein Araber seine Gemahlin besonders loben, nennt er sie sein »treues Kamel«. (Was ihn früher freilich nicht hinderte, Frauen als Reittier fast immer nur Esel zuzuweisen.)

Beduinen ließen sich nicht selten im Fell ihres Lieblingstieres bestatten. Erscheint ein Kamel im Traum, wird dies als gutes Omen gedeutet. Und in der Mythologie gelten die Sterne als »weidende Kamele«, die bei Allah ihren ewigen Frieden gefunden haben«.

Die Wurzeln dieser Wertschätzung reichen tief in die Vergangenheit: Schon kurz nachdem die ersten Kamele gezähmt worden waren, standen sie im Mittelpunkt bedeutsamer Zeremonien. Sobald beispielsweise eine Herde auf 1.000 Tiere angewachsen war, wurde einem auserwählten Hengst ein Auge entfernt. Verdoppelte sich ihre Zahl, verlor er auch das zweite. So glaubte man den bösen Blick sowie Krankheiten und Räuber fernzuhalten.

Unter wohlhabenden Gastgebern gehörte es zum guten Ton, Ankömmlinge mit einem rituell geschlachteten Kamel zu empfangen. Das gleiche Opfer war in vorislamischer Zeit auch im Monat der Wallfahrt nach Mekka üblich – ein Brauch, der vom Islam übernommen wurde und bis heute im Rahmen der Pilgerfahrt (*hadj*) beziehungsweise beim Opferfest (*Eid ul-Adha*) begangen wird. Und da das Kamel wie nur wenige Tiere die uneingeschränkte Gnade Gottes genießen soll, kommt der Verzehr seines Fleisches traditionell einem Glaubensbekenntnis gleich. Wie sprach angeblich einstens der Prophet? »Wer nicht von meinen Kamelen isst, der gehört nicht zu meinem Volk.«

Einer Überlieferung gemäß sagte der Prophet: »Wahrlich, Gott hat 99 Namen. Wer sie aufzählt, geht ein ins Paradies.« Der 100. Name Gottes sei, so die islamische Auffassung, unaussprechbar und den Menschen unbekannt. Ein Wesen freilich, besagt eine beliebte Legende, ein einziges, kenne auch Letzteren: das Kamel. Deshalb trage es auch seinen Kopf so stolz erhoben und lächle so hintergründig wissend.

Im Bild: Miniatur des Künstlers Davlat Toshev aus Buchara von 2016. Sie illustriert die Vision »Gabriel reitet ein Kamel«, eine – äußerst vielschichtig zu deutende – Vision aus Scheherazades Geschichten aus »Tausendundeine Nacht«.

39 Kamele im Alten Ägypten

Eine archäologische Fahndung

Das Dromedar ist, davon darf man ausgehen, das heutzutage am meisten mit Ägypten assoziierte Tier. Bunt betresst vor dem Hintergrund der Pyramiden auf Touristen wartend oder, ebensolche auf dem Rücken, am Strand des Roten Meeres entlangtrottend: Angesichts solch ikonischer Bilder drängt sich die Frage auf, seit wann Kamele im Land am Nil zu Hause sind.

Einschlägige Artefakte, Tonscherben, zoomorphe Gefäße, Felszeichnungen, etwa aus Abydos und Abusir, datieren bis ins 4. Jahrtausend. Doch sie alle rühren von Begegnungen mit einst in ganz Arabien und Nordafrika verbreiteten, wild lebenden Dromedaren. Domestizierte Kamele waren im Pharaonenland die längste Zeit unbekannt. Wie sonst wäre ihr völliges Fehlen auf den Wandmalereien und Reliefs der Gräber und auch in der Hieroglyphenschrift zu erklären?

Mit dem Nutztier Kamel dürften die Ägypter erst durch eindringende Heere in Berührung gekommen sein. Sowohl der Assyrerkönig Asarhaddon als auch die Perser unter Kambyses II. (7./6. Jahrhundert) führten es in ihren Besatzungsarmeen als Lastenträger mit. Wirklich heimisch jedoch wurde es, glaubt man dem Griechen Strabon, erst ab dem 3. Jahrhundert vor Christus. Es war Ptolemaios II., der damals an der Westküste des Roten Meeres die Hafenstadt Berenike, das heutige Baranis, gründete und von dort sowie dem nördlich gelegenen Myos Hormos (Al-Qusair) eine Überlandroute ins Niltal eröffnete. Dort fungierte eine Stadt namens Koptos als Knotenpunkt für den Fernhandel zwischen Indien, Punt (Somalia), Arabia Felix (Jemen) und dem noch jungen Mittelmeerhafen Alexandria. Den Gütertransport vom Meer durch die besonders unwegsame Östliche Wüste besorgten Kamele. Sie schleppten auch das Gold, die Porphyre und Quarzite aus den dortigen Minen herbei. Und sie beförderten, darin dem Vorbild des 200 Jahre zuvor von König Kyros in Persien installierten Postdienstes folgend, auch Briefe und Pakete.

Das Foto zeigt einen Kamelreiter – das Fragment eines Keramikgefäßes aus dem 6. bis 4. Jahrhundert vor Christus, der Zeit der 27. bis 30. Dynastie. Es wurde in der Nekropole Deir el-Bahari in Theben-West bei Luxor, Oberägypten, gefunden.

40 Biblische Tiere

Vom Nadelöhr zu Rebekkas Brunnen

»Eher geht ein Kamel durch ein Nadelöhr, als dass ein Reicher in das Reich Gottes gelangt.« Wer kennt jenes Gleichnis aus den Evangelien nicht, das den Menschen warnt, etwas, insbesondere Materielles, wichtiger zu nehmen als die Beziehung zu Gott? Freilich ist dies keineswegs die einzige Textpassage in der Bibel, in der die Rede von Kamelen ist. Der aufmerksame Leser stößt in der Heiligen Schrift in Summe auf 50 bis 60 Erwähnungen, die überwiegende Zahl von ihnen im Alten Testament, also jüdischen Teil.

Nicht nur Kenner des biblischen Kanons sind etwa mit jener Episode im ersten Buch Mose vertraut, in der Abraham seinen Knecht mit zehn Kamelen und dem Auftrag nach Mesopotamien schickt, für seinen Sohn Isaak eine gottestreue Braut zu suchen. Rebekka, das erste Mädchen, auf das er trifft und seine Wahl fällt, nimmt nicht nur die mitgeführten Geschenke an, sondern tränkt auch am Brunnen seine Kamele – ein subtiles Zeichen des Einverständnisses und zugleich ein frühes Omen dafür, welche Rolle die Tiere fortan in nahöstlichen Romanzen, und sei es nur als Brautpreis, spielen sollten.

Als die Königin von Saba in Jerusalem den weisen Salomon besucht, führt sie in ihrem Tross eine gewaltige, mit Schätzen beladene Karawane von Kamelen mit. Hiob wird, ehe Gott durch unsägliches Leid seine Treue prüft, als immens reicher Mann beschrieben, der 3.000 Kamele besaß. Und auch die kriegerischen Mittaniter, welche die Israeliten unterdrückten, führten, als sie »wie Heuschrecken« in deren Land einfielen, offenbar riesige Herden mit sich. »Sie selbst«, heißt es, »wie auch ihre Kamele waren ohne Zahl.«

Darf es bei solch hoher Wertschätzung der Vierbeiner verwundern, dass selbst Ägyptens allmächtiger Pharao, wie wohl eher fälschlich beschrieben in Genesis 12,16, im Bemühen, die schöne Sara seinem Harem einzugliedern, Abraham, ihren Gemahl, auch mit Kamelen zu bestechen suchte?

IV.

Fiunt, quæ posse negabas.

Posse negas an adhuc per acum transire camelum?
Germanam pacem quando redire vides.

Was du nicht glaubtest / das geschiht.

Wie? soll nicht ein Camel durch eine Nadel gehn?

»Fiunt, quae posse negabas« – »Was du nicht glaubtest/das geschiht«. Dieser Stich entstammt Johann Vogels *Meditationes emblematicae de restaurata pace Germaniae*, also den »Sinnebildern von dem widergebrachten Teutschen Frieden«, und entstand 1649, ein Jahr nach Abschluss des Westfälischen Friedens.

41 Ushtra – jamal – camelus

Eine linguistische Spurensuche

Über die Jahrtausende, seit seiner in den Weiten der Arabischen Wüste erfolgten Domestizierung, hat sich das Verhältnis des Menschen zum Kamel als eine überaus enge Symbiose gestaltet. Deren Intensität spiegelt sich auch in dem immens vielfältigen Vokabular wider, mit dem insbesondere die Beduinen diesen ihren treuesten Gefährten beschreiben. Alter, Größe, Geschlecht, Körperbau, Fellfarbe, Charakter … Für alle nur erdenklichen Varietäten verfügen sie über spezielle Wörter.

In diesem Zusammenhang lohnt ein näherer Blick auf die sprachlichen Wurzeln der heute gebräuchlichsten Bezeichnungen: Sowohl im Avesta, dem heiligen Buch des Zoroastrismus, als auch im altindischen Rig Veda findet sich das Kamel bereits als »wertvolles Haustier« mit dem Wort *ushtra* erwähnt. Der Ausdruck birgt, so wird vermutet, die indoeuropäische Wurzel *ues* (feucht sein), die sich auf den Samenerguss bezieht. Semantisch liegt eine Verwandtschaft mit dem Sanskritwort *vrsan* (Mann/männliches Tier) und *uksan* (Stier) von *ukuas* (besprengen) nahe. Andere Forscher halten eine Ableitung vom ebenfalls indoeuropäischen Stamm *vegh* (tragen) für plausibel. Das vermutlich altpersische *ushtra* steckt übrigens auch im Namen des Religionsstifters Zarathustra, der so viel meint wie »der mit Kamelen umgehen kann«. Im Neupersischen wandelte sich das Wort zu *shotor*, das, nebenbei bemerkt, gemäß der Farsi-Grammatik abgesehen von der Dattelpalme als einziges Lebewesen beim Zählen als individuelle Person behandelt wird.

Bleibt die Frage nach der Herkunft des *Kamels:* Dessen etymologische Fährte führt aus einer wohl frühsemitischen Sprachwurzel zum arabischen *jamal*, weiter über das griechische *kamelus*, das lateinische *camelus* und das mittelhochdeutsche *kembel* in die Gegenwart. Heute meint *jamal* das erwachsene, männliche Tier. Das Weibliche heißt *naqah*. Der übergeordnete Gattungsbegriff lautet auf Arabisch *ibl*.

In loser Schüttung noch ein paar einschlägige Vokabeln aus dem Arabischen: Der gängige Begriff für Reitkamele, gleich welchen Geschlechts, ist *dhalul*. Ein starker Hengst heißt *daeel*, ein als Lastenträger verwendetes Tier *hafdh*, und das Zweihöckrige generell *duhanij* oder auch *tabz*.

Im Bild: Die Kalksteintafel mit dem Relief eines Dromedarreiters stammt aus dem nordsyrischen Tell Halaf und zierte dort ab dem 10. Jahrhundert vor Christus die Fassade eines von einem lokalen Herrscher namens Kapara erbauten Tempelpalastes.

42 Hammer-Purgstalls »Kamel«

Ein sprachkundlicher Geniewurf aus dem k.u.k. Wien

Einen bis heute unübertroffenen Korpus zur Terminologie der Araber in Bezug auf ihr heiß geliebtes Dromedar hinterließ der österreichische Orientalist Joseph von Hammer-Purgstall (1774–1856). Sein im Jahr 1854 publizierter Essay »Das Kamel« listet auf beinahe 100 Seiten an die 6.000 verschiedene Namen und Beiwörter auf, erläutert deren Herkunft und Bedeutung und zitiert zahlreiche einschlägige Verse aus altarabischer und islamischer Zeit.

Das Werk des genialischen Forschers, der unter anderem die weltweit erste orientalistische Zeitschrift gründete sowie zahlreiche Werke der Weltliteratur erstmals aus dem Arabischen, Persischen und Türkischen ins Deutsche übersetzte, behandelt jeden nur denkbaren Aspekt – vom Körper des Kamels, seinen Bestandteilen, Zuständen und Hervorbringungen, bis zu den Arten der Behandlung und Nutzung des Tieres. So untersuchte er zum Beispiel sämtliche Wörter für sein Fleisch, Blut, Fett, seinen Speichel, Schaum und Kot, doch auch für die Bewegungen, Stimmungen, Krankheiten von Kamelen sowie zu ihrer Haltung nötiges Gerät, vom Sattel, Zaumzeug und Geschirr bis zu Brandeisen und Tragegurten. Hammer-Purgstall unterscheidet zwischen Last- und Reittieren, solchen, die Sänften für Frauen oder Festgäste tragen, Mühlen oder Wasserräder antreiben, Kurierdienste leisten, in den Krieg oder mit Pilgerkarawanen ziehen, aber auch Opfertieren, die man an Gräbern schlachtet.

Besonders faszinierend ist seine sprachwissenschaftliche Analyse des Basiswortes *dschemele*. Dieses stehe, schreibt er, kraft seiner Wurzelkonsonanten j-m-l zugleich für die Begriffe »Schönheit« und »das Ganze«. Doch riefen dessen drei Radikale auch die Assoziation mit Vorstellungen wie »Gnade«, »Überfluss«, aber auch »Anhäufung« hervor. Denn: »Dieses Tier gilt jedem Araber als Inbegriff sowohl für Anmut als auch die Gesamtheit aller Besitztümer.«

DAS KAMEL.

VON

Dr. FREIHERRN HAMMER-PURGSTALL,
WIRKLICHEM MITGLIEDE DER KAISERLICHEN AKADEMIE DER WISSENSCHAFTEN.

(VORGELEGT IN DER SITZUNG DER PHILOSOPHISCH-HISTORISCHEN CLASSE AM 1. DECEMBER MDCCCLII.)

LEXICALISCHE BELEGE.

ERSTES HAUPTSTÜCK.

I. VON DEN NAMEN DES KAMELES.

1) الابل der allgemeine Name des Kameles, sei es männlich oder weiblich, von der Wurzel 2) أبل es waren viele Kamele, 3) أبل er war der Kamele kundig, 4) ابول die Kamele löschten ihren Durst mit dem Safte grüner Pflanzen, 5) أبول das Gras war so lang, dass die Kamele es abweiden konnten, 6) أبل das Kamel ward gekauft. 7) أبل das Kamel mästete sich mit frischem Grase, 8) أبّل er kaufte Kamele, 9) آبّل er mästete Kamele, 10) آبّل er besass viele Kamele, 11) أبل der Besitzer vieler Kamele, 12) أبل ein fleischiges Kamel, 13) آبل der Besitzer von Kamelen, 14) آبل der Kamelkundige, 15) ابل ابل ohne Hirten herumstreifende Kamele, 16) أبلة eine fruchtbare Kamelinn, 17) ابل Heerde von Kamelen, 18) ابال Kamelhirte, 19) ذو ابالة der die Kamele wohl Besorgende, 20) إبالة eine Reihe von Kamelen, 21) ابل او ابل viele Kamele, 22) أبلى reich an Kamelen, 23) إبلى der oder das dem Kamel Gehörige, 24) مابلة an Kamelen reiches Land, 25) مابول erworbenes Kamel[1]). Das männliche Kamel heisst 26) جمل; die Plurale desselben: 27) جمل, 28) جامل, 29) جمالة, 30) جمال, 31) جمالة, 32) جمالات, 33) جملات, 34) جمابل, 35) اجامل, 36) اجمال. Die Wurzel ist 37) جمل er war reich an Kamelen, 38) جامل Kamelheerde, 39) جمال die

---

[1]) Diese Formen sind alle nach Freytag's Wörterbuch aufgeführt und dort von jedem des arabischen Alphabetes Kundigen leicht zu finden, hier werden nur die bei Freytag fehlenden Wörter in den Noten bemerkt werden.

Ein weiterer im k.u.k. Österreich geborener Kronzeuge für die glühende Liebe der Araber zum Kamel ist in sprachkundlicher Hinsicht Alois Musil. Der Orientalist, Kulturanthropologe, Kartograf, Theologe und Diplomat (1868–1944) listete in seiner monumentalen Studie über »Sitten und Gebräuche der Ruwallah-Beduinen« allein Dutzende verschiedene Termini für die unterschiedlichen Altersstufen von Fohlen wie auch erwachsenen Stuten und Hengsten auf. Insgesamt kennt das Arabische mehr als 160 verschiedene Grundbezeichnungen für *Ata Allah*, das »Größte Geschenk Gottes«.

43 Des Propheten Gefährte

Das Kamel im Koran

In den 114 Suren der heiligen Schrift der Muslime findet sich das Kamel unter elf verschiedenen Namen und insgesamt 19 Mal erwähnt. Jede dieser Benennungen, von *Anam* und *Bahira* bis *Ham* und *Zamer*, beschreibt spezifische Eigenschaften im Kontext des jeweiligen Kapitels.

Am tiefsten in die ruhmreiche Geschichte des Frühislam eingeschrieben hat sich das Tier mit dem Namen *Qaswa*. Das war jene Dromedarstute, auf der Prophet Mohammed bei seiner Flucht von Mekka nach Medina im Jahr 622 ritt. Legendär in diesem Zusammenhang der Vorfall in Quba, jenem Vorort Medinas, in dem der Religionsstifter nach seiner Ankunft drei Tage lang blieb: Nach dem ersten Freitagsgebet, so ist überliefert, hätten die örtlichen Honoratioren Mohammed eingeladen, dauerhaft bei ihnen zu leben. Doch dieser habe abgelehnt, auf seine Stute gezeigt und gesagt: »Lasset sie den Weg ihrer Wahl gehen!« Denn er wusste, das Tier würde ihm den rechten Wohnort weisen. Man ließ es nach eigenem Belieben umherwandern, und es kniete bei einem Haus, das dem Stamm der Mutter des Propheten gehörte, nieder. Also befahl dieser, man möge ebendort eine Moschee und ihm ein Wohnhaus errichten. In Sure 11,64 mahnte er die Menschen: »Oh mein Volk, dies ist die Kamelstute Allahs. Sie sei euch ein Zeichen. So lasset sie auf Gottes Erde weiden und tut ihr kein Leid. Andernfalls steht euch große Strafe bevor.«

Generell werden Tiere im Islam als Geschenke für die Menschheit erachtet und für ihre Hilfe und Schönheit gepriesen. Ein Grundgebot lautet, sich ihnen gegenüber freundlich und mitfühlend zu verhalten. Selbiges gilt naturgemäß auch für das Kamel – ein Geschöpf, das in harschestem Gelände zu überleben vermag und vom Menschen allein deshalb mit größter Ehrfurcht betrachtet werden solle. Wie steht in Sure 88,17 Al-Ghashiyah (»Die Bedeckende«) geschrieben? »Schauen sie denn nicht auf die Kamele, wie sie geschaffen sind?«

Sarra Tlili von der University of Florida schreibt in ihrem Buch »Animals in the Quran«, Kamele gelten in der islamischen Tradition als exemplarische Tiere. Sie würden beladen, während sie knien, und sich erst danach erheben. Trotz ihrer großen Stärke dienen sie bereitwillig Schwächeren (nämlich den Menschen). Geduld, Gehorsam und die Fähigkeit, große Strapazen zu ertragen, seien Eigenschaften, die sie mit wahren Heiligen teilten. Im Bild: Die Fliesen in einem schiitischen Passionstheater in der westiranischen Stadt Kermanschah illustrieren die Geschehnisse in der berühmten Schlacht von Kerbela. Im Zentrum, auf einem Kamel reitend, mit grünem Geschichtsschleier und Glorienschein: Imam Hussein, der ebendort im Jahr 680 getötete Enkel des Propheten.

44 Archaische Ansichten

Kamelidische Felsreliefs in der saudischen Wüste

Es war eine der spektakulärsten archäologischen Entdeckungen der jüngsten Zeit auf arabischem Boden und für Freunde des Kamels ein besonderer Grund zum Feiern: Als 2016 ein Team der französischen Forschungsorganisation CNRS erstmals den Fundort begutachtete, war es bass erstaunt und hellauf begeistert zugleich: Da prangte im unwirtlichen Nirgendwo der saudi-arabischen Wüste, unweit der Grenze zu Jordanien, in der Provinz Al-Jawf, über die Wände dreier Felssporne verteilt, weithin sichtbar eine Art steinernes Bestiarium: darunter ein Dutzend Dromedare. Manche davon sind allein stehend, andere nebeneinander gereiht, manche als Flach-, andere als Hochrelief dargestellt, alle naturgetreu proportioniert und mehr oder weniger in Lebensgröße.

Die Ansichten sind wegen der Weichheit des Sandsteins extrem verwittert. Doch was die Fragmente an Details erkennen lassen, Nüstern und Lippen zum Beispiel oder die Beinmuskulatur, zeugt von großer Kunstfertigkeit und ebensolcher Hingabe.

Die Kamele tragen weder Zaumzeug noch Geschirr. Daraus schließen die Archäologen, dass es sich um nicht domestizierte Tiere handelt. Sie schätzen ihr Alter auf ungefähr 2.000 Jahre. Andere Fragen blieben bislang unbeantwortet: etwa nach dem Zweck der »Kamelstätte«, ihren Schöpfern, deren Arbeitstechnik und Motivation. Die Erosion hat alle Werkzeugspuren von der Steinoberfläche getilgt. Möglich ist, dass der Ort als Grenzmarke fungierte. Oder als Rastplatz. Nicht weit liegt die Oasenstadt Sakaka, seit Urzeiten ein wichtiger Halt auf innerarabischen Karawanenrouten. Denkbar ist auch eine Funktion als Kultstätte: Kamele galten der vorislamischen Göttin al-Lāt als heilig. Stilistisch vermutet Missionsleiter Guillaume Charloux Einflüsse durch die Nabatäer. Diese Händlernomaden waren Meister der Steinmetzkunst und hinterließen in ihrer Hauptstadt Petra entfernt vergleichbare Felsbilder von Kamelen.

Dieses ist das größte der in der saudi-arabischen Provinz Al Jawf vor etwa zwei Jahrtausenden aus dem Sandsteinfels gehauenen und vor wenigen Jahren erst von französischen Archäologen entdeckten Kamelreliefs.

45 Der koloniale Blick

Ein Lieblingssujet der Orientalisten

Der sogenannte Orient dient Europäern seit alters als »Gegenwelt«, die zugleich anzieht und abstößt, fasziniert und Furcht einflößt. Von den antiken Griechen und Kreuzfahrern bis zu den neuzeitlichen Kolonialisten mischte sich beim Blick gen Osten stets unbewusst Überlegenheitsdünkel mit Neid und Verklärung. Speziell im 19. und frühen 20. Jahrhundert lechzte der puritanisch-prüde Bürger des Westens danach, sich wenigstens temporär, in der Phantasie, von den Fesseln der Moderne und dem strikten Moralkorsett befreit zu fühlen. Wie sehr, zeigt sich stereotypisch in der orientalistischen Malerei: Deren märchenhaft-schillerndes Morgenland ist bevölkert von lasziven Bauchtänzerinnen, blutrünstigen Kriegern oder devoten Dienern in schwülstigem Ambiente. Ein klassischer Topos ist der stolze Beduine in der Weite der Wüste, flankiert von Kamelen.

Letztere waren schon in der christlichen Kunst des Mittelalters allgegenwärtig – etwa als Statisten in den Anbetungsszenen der Heiligen Drei Könige. Gern gebraucht wurde das Kamel auf Wappen. Heraldiker deuten es dort als Sinnbild für Geduld, Demut, Fügsamkeit und Durchhaltevermögen.

Nahezu inflationär tummeln sich die Höckertiere dann als exotische Staffage oder auch Protagonisten des bildlichen Geschehens auf den Gemälden der Orientalisten. Exemplarische Werke sind diesbezüglich Léon Bellys »Pilger auf dem Weg nach Mekka« oder »Die Karawane« des Wieners Leopold Carl Müller. Als Hauptvertreter des Genres mit mehr oder weniger ausgeprägtem Hang zu kamelidischen Motiven gelten weiters unter anderem Paul Jean-Baptiste Lazerges, John Frederick Lewis oder Jean-Léon Gérôme und im deutschsprachigen Raum Maler wie Eugen Bracht, Gustav Bauernfeind und Adolf Meckel von Hemsbach. Auch August Macke und Paul Klee bannten auf ihrer berühmten Tunisreise die dort beheimateten Dromedare eifrig auf Leinwand und Papier.

Phantasie und Ignoranz der Christen des Mittelalters gebierten im Geiste kuriose Geschöpfe: Ein seinerzeit beliebter Bewohner der Bestiarien war *Allocamelus*, ein Fabelwesen mit dem Kopf eines Esels und dem Körper eines Kamels. Ähnlich, jedoch mit zwei gekrümmten Hörnern versehen, stellte man sich *Camelopardel* vor. Als Kreuzung von Kamelen und Löwen hingegen dachten sich englische Autoren des 14. Jahrhunderts das *Camelion*. Sogar zu einem Fixplatz am Firmament brachte es der *Camelopard*: Dieses imaginierte Mischwesen aus Kamel und fleckfelligem Leopard (das Wort bezeichnete nicht zufällig im Englischen bis ins 19. Jahrhundert die Giraffe) bevölkert heute als »Sternbild der Giraffe« den nördlichen Himmel.

46 Das Camel-Kamel

Ein fragwürdiges Werbemaskottchen

Gesundheitsapostel und auch Verbraucherschützer mögen nachträglich die Nase rümpfen. Doch der immense Erfolg des Logos und damit der Zigarettenmarke, für die es seit mehr als 100 Jahren wirbt, ist unbestreitbar. »Camel« ist in der globalen Warenwelt fast zu einem Gattungsnamen geworden.

Als der US-Geschäftsmann Richard J. Reynolds 1913 in Winston-Salem, North Carolina, eine der landesweit ersten Fertigzigaretten auf den Markt brachte, wählte er als werbewirksames Symbol dafür Pyramiden, Palmen und – ein Dromedar. Als Zeichenvorlage diente die Fotografie eines alten Kamels, »Old Joe« genannt, aus dem Wanderzirkus Barnum & Bailey. Bereits 1921 entstand der bald weltberühmte Werbeslogan »I'd walk a mile for a Camel«. Zum prägenden Testimonial auf dem US-Markt, wo *Camel* binnen Kurzem einen Marktanteil von 40 Prozent erreichte, wurde Westernlegende John Wayne (der freilich dummerweise an Lungenkrebs starb). Name, Logo und Image sollten martialische Männereinsamkeit und grenzenlose Abenteuer in fernen, fremden Welten suggerieren. Passend dazu startete man in den 1980er Jahren den *Camel Shop*, einen Versandhandel für Outdoor-Ausrüstung, organisierte die *Camel Trophy*, eine Art Expeditionsrallye, und sponserte vorrangig Motorsport.

Zum 75-jährigen Markenjubiläum führten die Marketingstrategen dann, um jüngere – potenzielle – Raucher anzusprechen, das Cartoon-Maskottchen »Joe Camel« ein. Sein Einsatz steigerte den Absatz von Camel bei Minderjährigen von gerade einmal 1 im Nu auf fast 33 Prozent. Doch als eine Studie zeigte, dass Sechsjährige die Werbefigur besser kannten als Micky Maus und Fred Feuerstein, traten Kinderschutz- und Anti-Raucher-Organisationen in Aktion. Und 1997 trug Reynolds die Kampagne offiziell zu Grabe. Die »coole«, »lustige« Comic-Gestalt wurde durch das schlichte, vierbeinige, nicht anthropomorphe, bis heute gebrauchte Camel-Kamel ersetzt.

CAMEL
auchen fügt Ihnen und den Menschen in Ihrer Umgebung erheblichen Schaden zu.

47_Auf Höckern zu Heroen

Lawrence, Doughty, Hedin & Co.

Er ist bis heute der Inbegriff einer Leinwand-Ikone, die auf einem Höckertier in die Gefilde ewigen Ruhmes ritt: Peter O'Toole verkörperte 1962 für ein weltweites Kinopublikum Thomas Edward Lawrence, jenen legendären *Lawrence of Arabia*, der als britischer Offizier im Ersten Weltkrieg auf Seiten der Araber gegen die Osmanen focht. Das Filmplakat atmet den Geist des Kolonialismus und zugleich Heldenromantik à la Karl May. Doch wer sich weniger für die politischen Wüstenabenteuer und seelischen Abgründe der menschlichen Protagonisten und mehr für deren Reittiere interessiert, halte sich lieber an die literarische Vorlage. Denn Lawrence' legendäres, 1926 erschienenes Buch »Die sieben Säulen der Weisheit« lässt sich auch anders lesen: als zwar lose gegliederte, doch authentische und spannende, in poetischer Prosa verfasste Enzyklopädie des Kamels. Denn als penibler Beobachter thematisiert der Autor darin auch ausführlich dessen zentrale Rolle im Beduinenalltag, beschreibt sein Verhalten, den rechten Umgang mit ihm und zeichnet so eine Art Psychogramm der Tiere, die ihm spürbar ans Herz gewachsen waren.

Lawrence war freilich keineswegs der einzige Europäer, der Kamelen literarisch Tribut zollte. Sein Landsmann Charles M. Doughty ging in »Arabia Deserta« ebenfalls detailliert auf die Mühen und Freuden mit seinen Reittieren ein. Überhaupt bieten zahlreiche Klassiker der Orient-Abenteuerliteratur, von Ibn Battūtas Bilanz seiner 25-jährige Weltreise im 14. Jahrhundert bis zu den Expeditionsberichten eines Sven Hedin oder deutscher Forscher wie Carsten Niebuhr, Gustav Nachtigal und Heinrich Barth, reichlich einschlägige Informationen aus erster Hand. Und selbiges tun, nicht zu vergessen, auch jene nicht wenigen europäischen Damen, die, alle Zwänge ihrer Zeit abstreifend, bereits vor 100 und mehr Jahren auf Kamelrücken und abenteuerlichen Wegen Wüsten erforschten: die Schweizerin Isabelle Eberhardt zum Beispiel im Maghreb oder die Britin Gertrude Bell in Syrien.

1st
LAWRENCE
OF ARABIA

SVERIGE
1KR
SVEN HEDIN
SVENOLOV EHRÉN

48 »Nette Geschöpfe«

Literarisches Lob dem Gefährten

»Ich erinnere mich an ein Kamel, das an seinem Herrn nicht weniger hing, als es Hunde tun. Immer wieder, die ganze Nacht hindurch, kam es leise stöhnend herüber, um an mir Schlafendem zu schnüffeln, bevor es wieder zurück zum Weiden ging.« Was der britische Wüstenreisende Wilfred Thesiger in »Arabian Sands«, dem berühmten Bericht über seine Querung der Rub al-Chali, mit so viel Zuneigung beschrieb, hat H. B. Barker mit Nachdruck bestätigt: Das Kamel sei eines der nettesten Geschöpfe auf Erden, schrieb der australische Autor in »Camels and the Outback«. »Und doch wird es von Autoren andauernd herabgewürdigt.«

Barkers Teilzeit-Kollegin Robyn Davidson, international bekannt für ihren Bestseller und preisgekrönten Film »Tracks« (auf Deutsch: »Spuren«) über ihre 2.700 Kilometer weite Solo-Wanderung in den 1970ern mit vier Dromedaren durch die Wüsten Westaustraliens, teilt seine Sicht von ganzem Herzen: »Sie sind zärtlich, frech, verspielt, witzig, ja, witzig, gelassen, geduldig, arbeitsam und interessant ohne Ende.« Und ähnlich schwärmte schon vor 100 Jahren auch der ägyptische Entdecker Ahmed Hassanein Pasha. In seinem Klassiker »The Lost Oases«, der übrigens den Saharaforscher und Spion László Almásy alias »Der Englische Patient« nachhaltig inspirierte, schrieb er: »Die Qualitäten von Kamelen lassen sich selten erfassen, wenn man nur flüchtig Bekanntschaft mit ihnen schließt. Diese Tiere sind in Wahrheit nämlich ebenso klug, wenn nicht klüger als Pferde, und in gewisser Weise uns Menschen ähnlicher.«

Eine letzte schriftstellerische Liebeserklärung: Denkbar authentisch von dem symbiotischen Verhältnis zwischen Beduine und Kamel erzählt der Libyer Ibrahim al-Koni. In seinem Wüstenroman »Goldstaub« zum Beispiel (erschienen im schweizerischen Lenos Verlag) gerät ein Tuareg völlig in den Bann der Schönheit seines Mehari-Dromedars, das er im Stil der altarabischen Qasiden überschwänglich lobpreist.

Äußerst fasziniert ist auch der Kölner Entdecker und Erzähler Carlo Bergmann von seinen Kamelen, mit denen er seit den 1980er Jahren auf langen Karawanen durch die sudanesische und ägyptische Westwüste zieht. Er liebt es, wenn sie abends mit gehobbelten Knien dicht ans Lagerfeuer rücken – das »dumpfe Gurgeln, raue Mahlen beim Wiederkäuen […] Flackender Schein umflutet das prallbackige Gewiege. Zähne schimmern im matten Gelb. Darüber stülpen sich die gespaltenen, bärtigen Oberlippen. Weich leuchten dunkle Mandelaugen unter hohen Brauen … Spiel von Licht und Schatten auf bewegten Tierschädeln. Als wären die Kamele an den Gesprächen von uns Menschen beteiligt.« (Zitat aus »Der letzte Beduine«, Rowohlt, 2001.)

49_It's Partytime!

Kamelfestivals in Arabien und anderswo

Seine metaphysische Bedeutung und auch die Rolle als Überlebensgarant im beduinischen Alltag hat das Kamel in den jüngsten Jahrzehnten eingebüßt. Doch die innige Beziehung der Wüstenbewohner zu ihm ist auch noch in Gesellschaften lebendig, die ihre nomadische Lebensweise längst aufgegeben und sich dem Komfort des Hightech-Zeitalters verschrieben haben. Wie sehr hinter der coolen und mondänen Oberfläche immer noch archaische Leidenschaften lodern, wird besonders beim Besuch eines der zahlreichen Kamelfestivals spürbar, die im Jahreslauf überall in den Golfstaaten veranstaltet werden.

Das *Al Dhafra Festival* zum Beispiel, abgehalten jeden Dezember in Madinat Zayed im Westen des Emirats Abu Dhabi; oder das *Al-Janadriyah Heritage and Culture Festival*, organisiert jeweils im Februar im gleichnamigen Vorort der saudi-arabischen Hauptstadt Riad. Deren Programme enthalten zwar vielerlei Veranstaltungen, von der Flugschau für Falken, dem Dichterwettbewerb und Volksmusikkonzert bis zum Pferde- und Windhundrennen. Im Zentrum der Aufmerksamkeit und unangefochten auf Platz eins in der Publikumsgunst jedoch stehen stets die Auktionen, Rennen und Schönheitskonkurrenzen für Kamele.

Das wahrscheinlich gigantischste Festival von allen nennt sich *Mazayin Al-Ibl* (»Die Beste der Kamelherden«) und findet alljährlich im November in Um al-Rughaiba, einer Ebene 330 Kilometer nördlich von Riad, statt. Diese temporäre Stadt aus Zelten, Lkws und Vieh erstreckt sich über mehr als 100 Quadratkilometer – gut eineinhalb Mal die Fläche von New Yorks Manhattan Island. Mehr als 100 Kamelherden, etwa 160.000 Tiere in Summe, strömen aus allen Winkeln der Arabischen Halbinsel herbei, um an diesem vierwöchigen, wahrhaftig internationalen Festival teilzunehmen. Und ungefähr dieselbe Zahl an Menschen versammelt sich, um gemeinsam ausgelassen diese uralte arabische Tradition zu pflegen.

Auch außerhalb Arabiens feiern Freunde des Kamels ihre vierbeinigen Lieblinge: Legendär ist der *Kamelmarkt* von Pushkar (Mitte Nov.; www.pushkarcamelfair.com; siehe Kapitel 74). Ebenfalls im indischen Rajasthan ist das für seine Kameltänze und -umzüge bekannte Bikaner *Camel Festival* (Mitte Jan.; www.camelfestival.com; siehe Foto) beheimatet. In Tunesien locken das *Internationale Sahara-Festival* in Douz (3. Woche im Dez.; www.festivaldouz.org) und das *Festival* von Zaafrane mit seinem »dromathlon«, einem Semi-Marathon für Zwei- und einhöckrige Vierbeiner (Anfang Feb.; www.discovertunisia.com). Kamelrennen, Spiele und Folklore bietet auch das *Thousand Camel Festival* in der südlichen Gobi in der Mongolei (Anfang März).

50 Hinten, oben oder vorne?

Die knifflige Suche nach dem rechten Sitz

Die Grundausrüstung für jedes Reitkamel bildet das Halfter. Mittels Zügel, Halsriemen, einem Strick plus einer Reitgerte lässt es sich gefügig halten, führen und lenken. Zum weiteren Zubehör von Beduinen zählen Ledertaschen fürs Gewand und kleine Gerätschaften sowie eine Trinkschale aus Messing. Unverzichtbar ist, speziell auf Fernritten, der Wasserbeutel, angefertigt aus Leder oder enthaarter Ziegenhaut.

Das wohl wichtigste Utensil ist der Sattel. Er kann wahlweise auf drei Körperstellen aufliegen: der Kruppe, dem Höcker oder dem Widerrist. Bevorzugt auf Letzterem, also dem Übergang vom Hals zum Rücken, legen die Sahara-Stämme den Sattel auf. Denn vor dem Höcker zu sitzen, ermöglicht die optimale Kontrolle des Tieres durch direkten Druck über die Füße.

Eine vergleichsweise komplizierte Vorrichtung ist der im nordwestindischen Rajasthan gebräuchliche *pilarn*: Fabriziert aus zwei parallelen, mittels drei hölzernen Bügeln verklammerten Holzstangen, bietet er als Doppelsitz zwei Passagieren, einem vor, dem anderen hinter dem Höcker, Platz. Dieses Modell wird gern mit grasgefüllten Lederpuffern gepolstert und bunten Stoffen sowie allerlei Messing- und Silberklimbim dekoriert. Einer ungleich simpleren Konstruktion bedient man sich, freilich nur für den Warentransport, am Horn von Afrika: Der *somali*-Sattel besteht aus zwei mal zwei schlichten Holzstangen, die, jeweils durch zwei gekreuzte Äste verbunden und über Grasmatten, eine Decke oder Haut gelegt, auf den Schultern und Hüften des Tieres ruhen und beiderseits bis zum Bauch hinabreichen. Auf ihre Art schlicht mutet auch die Lösung für das Baktrische Kamel an: Seine Besitzer breiten eine Decke oder ein Kissen über den Rücken und bedecken diesen mit einem – häufig prächtig bestickten – Stück Stoff, das sich kuschelig zwischen die zwei Höcker schmiegt und einfach von beiden Seiten des Rumpfes herabhängt.

Der US-Historiker Richard Bulliet mutmaßt in seinem 1975 erschienenen Standardwerk »The Camel and the Wheel«, dass der allererste Kamelsattel wahrscheinlich aus einer Decke oder mehreren Schichten von Matten bestand, auf denen man die sorgsam ausbalancierte Ladung mit Gurten festzurrte.
Im Bild: Ein Parademodell der Kategorie von vor dem Höcker positionierten Sätteln stellt der von den Tuareg entwickelte *terik* oder *tahyast* dar. Der hier zu sehende Reiter hingegen sitzt in klassischer Position auf dem hinteren Rücken.

51 Die Sattel-Frage

Die zwei Standardmodelle der arabischen Bedus

Spezielle Konstruktionslösungen für ihr Sitzgerät haben die Nomadenstämme der Arabischen Halbinsel gefunden. Dort sind, grob gesprochen, zwei Varianten in Gebrauch: Der sogenannte Südarabische Sattel (arabisch *hawlani*) entwickelte sich parallel zum Handel mit Weihrauch entlang der Ostküste des Roten Meeres und ist in etlichen Regionen bis heute in Verwendung. Er platziert den Reiter hinter dem Höcker und besteht aus einem hölzernen ein- oder zweibogigen Geschirr und einem u-förmigen Stoffgurt. Dieser, genannt *mahawi*, ist mit Füllmaterial gepolstert, umfasst den Höcker von der Hinterseite und führt links und rechts von ihm nach vorne. Er fungiert als Kissen, als Rückenlehne und zudem als eine Art Sicherheitsgurt, der den Reiter vor dem Herunterrutschen bewahrt. Der *mahawi* ist mit dem Geschirr zudem durch ein Seil verbunden und einen Brustgurt (arabisch *kfal*) gesichert, der längs über den Rücken nach vorne und von dort, unmittelbar hinter der großen Hornschwiele, vom Geschirr rund um den Brustkorb führt.

Der Nordarabische Sattel hingegen (*shadad*), sitzt oben auf dem Höcker und besteht aus einem massiven Holzrahmen. Vorwiegend von den Stämmen im Zentrum und Norden der Halbinsel genutzt, entsprang er den Erfordernissen der Kriegführung. Er positioniert den Reiter näher am Kopf des Tieres und hoch genug über dem Erdboden, um die dem Kamel im Vergleich zum Pferd inhärente Unterlegenheit auszugleichen.

Die Konstruktion des *shadad* basiert auf zwei y-förmigen Holzgabeln. Als Sattelstützen sind diese, nach unten weisend, je vor und hinter dem Höcker und seitlich durch Querbalken verstärkt. An seinen gen Himmel gerichteten Enden pflegen die Reiter ihre Satteltaschen zu hängen. Die Teile des Holzgestells sind mit Streifen aus Leder zusammengebunden. Diese sollten tunlichst im angefeuchteten Zustand geschnitten und angelegt werden, um eine gewisse Elastizität zu gewährleisten.

Der Nordarabische Sattel ist so stabil gebaut, dass er auch die Konstruktion eines spezifischen Frauensattels (*ghabiye*) ermöglicht hat. Dieser besitzt zum Ausbalancieren des Aufbaus zwei zu beiden Seiten weit herausstehende Stangen, die eine Spannweite von insgesamt fast vier Metern erreichen können. Dadurch verstärkt das Gestell in seiner Gesamtheit optisch den schwingenden Gang des Kamels und bietet in der ungeheuerlichen Einförmigkeit der Wüste einen umso erstaunlicheren Anblick.
Im Bild: oben ein klassischer *shadad*; unten ein *ghabiye*, beide aus der Sammlung Walter Dostal, Weltmuseum, Wien.

52 Wie arbeiteten Karawanen?

Fernhandel in der Vormoderne

Caravan, ein persisches Wort, das schon früh als Lehnwort Eingang ins Arabische fand, bezeichnet einen Verband von Reisenden, auf mehr oder weniger regelmäßiger Basis unterwegs zwischen großen urbanen Zentren. Manchmal Pilger, meist aber Kaufleute, tun sie sich zum besseren Schutz vor bewaffneten Überfällen zusammen. Auch hilft das Reisen in großen Gruppen bei der Beschaffung von genügend Wasser und Proviant sowie der Einhaltung festgelegter Routen und Zeitpläne.

In den weiten Wüsten und Steppen Asiens und Nordafrikas nutzte man für den Personen- wie auch Warentransport bevorzugt ... tja, dreimal geraten: jawohl, das Kamel. Die Gründe liegen auf der Hand: ein äußerst geringer Futterverbrauch, eine konkurrenzlos hohe Ladekapazität und die Tatsache, dass es tagelang auch ohne Wasser völlig problemlos funktionstüchtig blieb. Bei heißer Witterung vermochte dieser vierbeinige Lkw über lange Strecken bis zu 300, bei moderateren Temperaturen sogar bis zu 450 Kilogramm zu tragen. Die Last wurde für gewöhnlich auf zwei jeweils auf einer Rückenseite getragene Körbe oder Taschen aufgeteilt. Passagiere saßen meist ebenfalls zu zweien seitlich. Privilegierte indes, insbesondere Bräute, thronten in einer Art gepolsterten Sänfte, von einem Baldachin beschattet, auf dem Höcker obenauf.

Karawanen konnten aus einigen Dutzend bis zu mehreren tausend Kamelen bestehen. Im Transsahara-Handel sind Züge von 25.000 (!) Tieren überliefert. Sie waren in Verbände von maximal 50 gegliedert, von denen, jeweils angeführt von einem Kameltreiber, mehrere nebeneinander marschierten. Ein Seil verband jedes Hinterteil mit dem Kopf des Nächstfolgenden. Marschierten Tiere in der Poleposition, waren sie mit knallbunten Gurten und Quasten sowie Glöckchen dekoriert. In manchen Fällen führte vorneweg ein unbeladenes Maultier, ein Esel jede Einheit an – ob zwecks Führung oder als eine Art Maskottchen, lässt sich freilich nicht mehr feststellen.

Ausnahmslos jeder Karawane stand ein Anführer vor, der in Personalunion als eine Art Generalmanager, Sprecher und auch Schiedsrichter fungierte. Seine Autorität über die gesamte Unternehmung sowie alle daran Beteiligten war absolut, vergleichbar mit der eines Kapitäns über sein Schiff. Je nach Region hieß er *Karawan-Bashi* (Häuptling), *Seraskier* (General), in China *Xiansheng* (wörtlich »Herr«), unter Arabern in der Regel schlicht *Rais* (Chef). Er wurde stets vor Beginn jeder Reise aus Basis allgemeiner Zustimmung ernannt. Im Bild: Ausschnitt aus einem der sechs Doppelbilder des berühmten, 1375 auf Mallorca entstandenen Katalanischen Weltatlas.

53 Unbequeme Business Class

Proviant und Timing on the road

Die Reisegeschwindigkeit der Karawanen entsprach mehr oder weniger dem Schritttempo der Männer, die neben den schwer beladenen Kamelen einhergingen. Sie betrug drei bis fünf Kilometer pro Stunde. Doch nachdem der Rhythmus aus Marschieren und Rasten vom Wetter und Zustand des Weges, den Distanzen zwischen Wasserstellen oder auch dem Befinden von Mensch und Tier abhingen, war man zwischen 8 und 14 Stunden auf den Beinen. Entsprechend variierte auch die pro Tag zurückgelegte Strecke zwischen 16 und 40 Kilometern.

Seit der Zeit des Propheten Mohammed brachen Karawanen, wenn möglich, stets an Freitagen auf. Schließlich empfahl dies der Koran. Als besonders günstige Stunde dafür galt jene unmittelbar nach dem Mittagsgebet. Wobei die erste Etappe vor allem dazu diente, den oft riesigen Tross überhaupt einmal ein Stück weit in Bewegung zu setzen. Üblicherweise war jede Tagesstrecke in zwei Abschnitte geteilt – von drei oder vier Uhr früh bis zum späten Vormittag und von zwei oder drei Uhr nachmittags bis Einbruch der Dunkelheit. In sehr heißem Klima hingegen wurde nächtens gegangen. Wann der Aufbruch und Pausen erfolgen sollten, welche Route es einzuschlagen und welche Orte es anzusteuern beziehungsweise zu vermeiden galt, wurde im gemeinsamen Einvernehmen beschlossen.

Die Verpflegung der Karawaniers bestand in der Hauptsache aus Hafer und Hirse. Hie und da erstand man von Hirten ein Schaf. Frischgemüse und Obst waren rar, Skorbut und andere Mangelerscheinungen daher eine ständige Gefahr. Der Monatsproviant für den typischen Kameltreiber, berichtete der französische Entdecker, Naturkundler und Humanist Théodore Monod, der mehr als 60 Jahre die Sahara erforscht hat, betrug kaum 30 Kilogramm: »20 Kilogramm gemahlenes Getreide, fünf Zucker, zwei, drei Portionen einfache Nudeln sowie 500 Gramm grüner Tee und zwei Liter Speiseöl«. Wasser und Datteln wurden unterwegs besorgt.

Abgesehen von Transportgut plus Proviant und Ausrüstung der Männer hatten die Kamele auch ihr eigenes Futter, Gerste und getrocknete Erbsen zum Beispiel, zu schleppen. Es wird geschätzt, dass Letzteres am Anfang etwa ein Drittel der Gesamtfracht ausmachte. Trotzdem gingen auf den meisten Reisen mehrere Tiere zugrunde – aus Erschöpfung oder weil sie giftige Pflanzen gefressen hatten. Solche Tiere wurden, weil sie zu töten verpönt war, kurzerhand am Wegesrand zurückgelassen.
Im Bild: ein Packkamel aus Steingut als Grabbeigabe, Nordchina, zweite Hälfte 6. Jahrhundert.

54 Orientierung – eine Kunst

Fährtensuche im endlosen Wüstensand

In den Wüsten Arabiens waren die Beduinen unbestreitbar die Meisternavigatoren. Schon lange vor Auftauchen des Islam waren sie, weil oft des Nachts zu den Weidegründen unterwegs, mit den Sternbildern vertraut. Mehr als 250 Himmelskörper, heißt es, konnten sie identifizieren. Bei Dunkelheit mit einer Karawane wandernd, half ihnen ein Blick aufs Firmament, anhand aktueller Konstellationen auch die Zeit zu messen.

Karawanen folgten stets festgelegten Routen. Deren einzelne Etappen waren definiert durch besondere Geländepunkte und Siedlungen, Wasserstellen oder passende Rastplätze. Dennoch heuerte jede Reisegesellschaft, um sicherzugehen, einen speziell ortskundigen Führer an. Dieser fand anhand von Bergen, Dünen, Steinhaufen oder – auf viel begangenen Routen – den von den Kamelkolonnen im Boden hinterlassenen »Geleisen« garantiert jedes Lager. Um Wasserstellen punktgenau aufzuspüren, naturgemäß eine der essenziellsten Fähigkeiten, orientierten sie sich an radial auf einen Punkt zulaufenden Spuren oder der Anhäufung von Dung.

Ein arabisches Sprichwort sagt: »Spuren lügen nicht.« Zumindest nicht gegenüber erfahrenen Fährtensuchern. Denn diese sind etwa fähig, vom Abstand zwischen den Fußabdrücken der Vorder- und Hinterbeine präzise das Schritttempo des Tieres abzuleiten. Auch den Zeitpunkt, zu dem es den Abdruck hinterließ, können sie bestimmen: Je mehr Sand sein Fuß aufgeworfen hat, desto feuchter war die Luft noch vom Morgentau, ergo früher am Tag war das Tier unterwegs. Auch wie feucht ein Kotballen ist und wie frisch er nach würzigen Kräutern riecht, sind Indizien für die exakte Stunde, da er zu Boden plumpste. Alte Hasen unter den Hirten vermögen anhand des Trittsiegels sogar zu unterscheiden, ob ein Kamel jung oder alt, männlich oder weiblich, ob Letzteres trächtig oder nicht war. Ja, sogar jedes einzelne ihrer Tiere können sie an der Spur im Sand identifizieren.

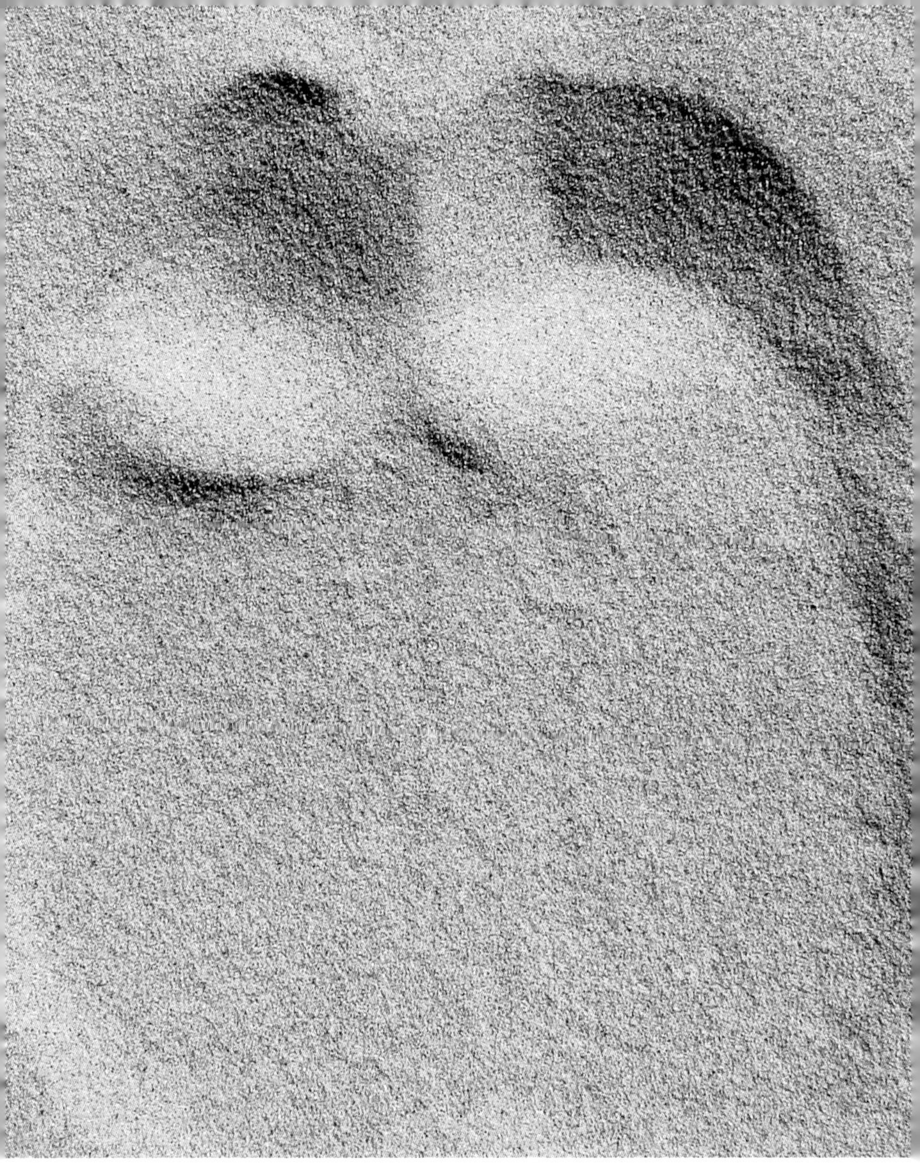

»Hier, im Leeren Viertel, erkannte jeder Beduine nicht nur die Fährte seines eigenen Tieres, sondern nahezu jeden Kamels, dem er jemals begegnet war … Mit einem Blick konnte er an der Tiefe des Fußabdrucks erkennen, ob jemand auf dem Tier geritten war, und nach etwas eingehender Untersuchung, aus welcher Gegend es kam: War es über Sand gegangen, wies die Spur zerrissene Streifen loser Haut auf. Geröll hingegen hatte seine Füße blank poliert. Auch welchem Stamm es zugehörte, war zu sehen, denn verschiedene Stämme haben verschiedene Rassen. Und aus der Beschaffenheit des Kots konnten sie oft folgern, wo das Kamel gegrast hatte und wann das letzte Mal getrunken. Woraus wiederum sich der Ort ableiten ließ.« (Zitat aus Wilfred Thesigers Klassiker »Arabian Sands«)

55 Kamele anstatt Rädern

Zeitenwende an der Weihrauchstraße

Das Baktrische Kamel wurde seit seiner Domestizierung eher selten als Last- oder Reittier, vielmehr zum Ziehen von Fahrzeugen oder Pflügen genutzt. Schon Petroglyphen der späten Bronzezeit, etwa in Kasachstan oder der Mongolei, zeigen es vor Streitwagen oder zweiachsige Karren gespannt. Für sehr lange Zeit teilten sich offenbar in Zentralasien Kamelfüße und Räder die Arbeit der Beförderung von Mensch und Waren. Weiter westlich indes, in Syrien und Arabien, gewann das Lastkamel schon vor der Zeitenwende als effizienteres und kostengünstigeres Transportmittel die Oberhand.

Diese gesteigerte Wertschätzung hing eng mit dem Aufstieg der dortigen Handelszentren zusammen: Als Wüstenbewohner hatten die dort herrschenden Stämme ihre Vorliebe für Kamele seit alters gleichsam mit der Muttermilch aufgesogen. Und als Anrainer der Weihrauchstraße, über die Räucherwerk aus Südarabien bis in die Kultzentren an Tigris und Nil gelangte, hatten sie durch Verleih oder Verkauf der Tiere bereits in der Vorantike profitiert. Doch litten diese nomadischen, bloß mit Pfeil und Bogen bewehrten Kamelzüchter stets unter der Überlegenheit ihrer auf Pferden mit Lanzen und Schwertern kämpfenden sesshaften »Nachbarn«. Erst ab etwa 500 vor Christus gewannen sie vor allem dank der Entwicklung des Nordarabischen *shadad*-Sattels (siehe Kapitel 51) – und weil sie durch den wachsenden kulturellen Austausch mit den Städtern leichter an metallene Waffen kamen – an Macht und Einfluss. Und je intensiver die Beduinen großflächig in das Sozial- und Wirtschaftsleben eingebunden waren, desto konkurrenzfähiger wurden ihre Kamele gegenüber den bis dahin dominierenden Radfahrzeugen. Bis die Tiere jene vollends ersetzten. Ab da landete ein beträchtlicher Teil des Profits aus dem Fernhandel, der zuvor von den Herstellern und den Käufern der Güter abgeschöpft worden war, in den Händen der Kamelzüchter, die nun (Schutz-)Zölle erhoben oder gleich selbst als Karawaniers agierten.

Um 300 vor Christus entstand im Nordwesten Arabiens ein in seiner Art einmaliger Karawanenstaat: Das ehemals nomadische Volk der Nabatäer betrieb hier, sesshaft geworden, von seiner Hauptstadt Petra aus den Ferntransport von Myrrhe und Weihrauch im großen Stil. In der Oase Hedschra, heute Mada'in Salih, übernahmen sie die Fracht von den Südarabern und beförderten sie in 30 bis 40 Tagesmärschen per Kamel nach Gaza oder Damaskus. Sein Monopol als Zwischenhändler büßte dieser ungewöhnlich friedsame Staat ein, als die Römer den Norden der Halbinsel zur Provincia Arabia machten und die Schifffahrt auf dem Roten Meer forcierten.
Im Bild: eine Szene an der Karawanen-/Truckerstation von Jazliq, im äußersten Nordwesten Usbekistans.

56 Achtung, fertig, marsch!

Eine Frühform demokratischer Organisation

Der jemenitische Geograf Abu Muhammad al-Hamdani, der im frühen 10. Jahrhundert unter anderem ein Buch über die Haltung von Haustieren schrieb (es hieß *Kitab al-Ibil*, also »Buch der Kamele«), legte in einer weiteren Schrift ausführlich die Organisation von Karawanen in Südarabien dar. Seine Landsleute, erläuterte er, würden ihre Kamele stets in einer Reihe aufgefädelt wandern lassen. Eine Kolonne von 1.000 Tieren zum Beispiel sei drei Kilometer lang, eine von 3.000 Tiere neun und so weiter. Ein praktisches Problem bei dieser exorbitanten Länge: Habe der Anfang des Zuges sein Ziel erreicht, müsse der hintere Abschnitt noch Stunden weitermarschieren. »Wo die vorderen Kamele Wasser und Grün finden, bleibt für die am Schluss nur Speichel und als Futter Dung«. Zudem lauerten auf Letztere häufig Straßenräuber. »Somit ergibt sich zwangsläufig der Wunsch, gleiche Verhältnisse für alle Teilnehmer zu schaffen.«

Also teilen sie die Kamelkolonne, fährt al-Hamdani fort, in vier oder ein Vielfaches von vier Sektionen. Am Tag eins geht eine Sektion voran, am nächsten übernimmt die zuvor letzte die Pole Position, und die zuvor erste reiht sich auf Platz zwei. So wechseln alle Sektionen über die Tage reihum durch. Die anfängliche Reihenfolge wird für jede Einheit des Zuges per Los bestimmt.

Der österreichische Sozialanthropologe Johann Heiss schließt in seiner Studie über das südarabische Karawanenwesen aus al-Hamdanis Schilderung, dieser habe das genialische Organisationstalent und die Maßnahmen seiner Landsleute hervorheben wollen. »Im Fokus stand für sie die möglichst gerechte Aufteilung der Vorteile und Gefahren unter den Teilnehmern.« Und er führt aus, dass das Bemühen um faire Behandlung aller nicht von einer politischen Autorität verordnet, vielmehr von den Beteiligten selbst kam – ein Beleg von vor über 1.000 Jahren »für die Absicht, im Kleinen Demokratie zu praktizieren«.

Al-Hamdani gibt in seiner Schrift ein konkretes Rechenbeispiel: »Besteht eine Karawane aus 1.600 Tieren, macht ein Viertel davon 400, ein Viertel vom Viertel 100 und davon wiederum ein Viertel 25. Hierauf treffen sich alle Männer jeder kleinsten Einheit und werfen mit Stöckchen oder Steinen das Los. Wer beim ersten Wurf gewinnt, der geht vorneweg. Der Sieger des nochmaligen Wurfes geht als Zweiter, das dritte Los gilt dem Dritten. Wer am Schluss übrig bleibt, bildet jeweils die Nachhut.«
Im Bild: Der Fliesendekor ziert eine Gebäudefassade in der Oase Khiva, Usbekistan.

57 China–Nahost und retour

Transportlogistik entlang der Seidenstraße

Vermutlich schon bevor Alexander der Große mit seinem Heer Richtung Osten aufbrach, verband ein durchgehender Handelsweg den mediterranen mit dem fernöstlichen Raum. Doch nicht vor dem 1. vorchristlichen Jahrhundert, als die Römer Gefallen an einem bis dahin unbekannten, unvergleichlich feinen Stoff fanden, erhielt diese Route ihren legendären Namen. Der Hauptstrang der »Seidenstraße« führte von Chinas Hauptstädten Luoyang und Chang'an in zwei Bögen beiderseits der Wüste Taklamakan nach Kashgar und weiter über Samarkand, Buchara, Merv und das iranische Hochland nach Bagdad, Palmyra und Antiochia beziehungsweise Damaskus und Kairo.

Auf dieser insgesamt 14.000 Kilometer langen Transversale, die auch als Kulturbrücke zwischen Morgen- und Abendland fungierte, über die Erfindungen und neue Gedanken ausgetauscht wurden, waren zunächst ausschließlich Baktrische Kamele im Einsatz. Erst später pflegte man auch Dromedare, meist an die Kälte adaptierte Hybride, auf die strapaziöse Reise zu schicken. Kaum jemals absolvierte eine einzelne Karawane die gesamte Distanz. Im Fernverkehr war es üblich, die Ware mehrmals umzuladen, was in Karawansereien, im Abstand von Tagesetappen entlang der Strecke errichteten und zum Schutz der Händler massiv bewehrten Rasthäusern, geschah.

Dennoch waren solche Transportzüge nicht selten in einem Stück etliche Monate unterwegs und steuerten dabei diverse Destinationen an. Nach langen Touren benötigten Kamele mindestens zwei Monate zur Erholung. Die ideale Saison dafür waren die Monate Juni/Juli, wenn die sattgrünen Weiden üppiges Futter boten und die Tiere ihr Winterhaar verloren. Somit konnte es beispielsweise passieren, dass sich Karawanen, welche die Strecke zwischen der Inneren Mongolei, also Chinas Nordosten, und der Provinz Xinjiang im fernen Nordwesten bedienten, auf einem Roundtrip bis zu eineinhalb Jahre »on the road« befanden.

Jeden Frühsommer, wenn ihre zweihöckrigen Schützlinge ihr dickes Winterfell abwarfen, verdienten sich deren Halter ein willkommenes Zubrot, denn von jedem Tier ließen sich mehrere Kilogramm feinen Kamelhaars einsammeln oder pflücken. Um 1880 trieb man damit regen Handel. Später erlernten die Karawaniers von den Soldaten der Weißen Armee, die nach dem Russischen Bürgerkrieg in Xinjiang Zuflucht gefunden hatten, sogar die Kunst des Strickens und Häkelns.
Im Bild: Dieses moderne Denkmal erhebt sich am östlichen Stadtrand der alten Seidenstraßenstation Qazwin, Nordwestiran.

58 Endstation Kaaba

Der legendäre Pilgerzug nach Mekka

Einen starken Impuls erhielt der Fernhandel im arabischen Raum durch die Hadsch, die Wallfahrt nach Mekka, die der Prophet Mohammed seinen Anhängern als unumgängliche Pflicht auferlegt hat. Diese Reise bot Gläubigen wie auch Kaufleuten die Gelegenheit zu merkantilen Aktivitäten – am Zielort selbst, aber auch in allen Städten entlang der Route.

Berühmtheit in der ganzen islamischen Welt genoss die alljährliche Pilgerkarawane von Bagdad via Kufa, genannt *Darb Zubaidah*, aber mehr noch jene von Kairo beziehungsweise Damaskus (oder genauer gesagt: von Mozarib, einem Ort drei Tagesritte südlich der syrischen Kapitale) durch das heutige Jordanien in den Hedschas. Die Geschichte der beiden Letzteren geht bis in die Zeit der Abbasiden, das 8. Jahrhundert, zurück. Unter den Osmanen waren Pilgerkarawanen bürokratisch durchorganisierte Unternehmen, an denen Zehntausende Tiere und Menschen teilnahmen, darunter Krieger, Kaufleute und Kadis, Wasserträger und Wüstenlotsen.

Abmarsch und Rückkehr waren stets von großen Festen begleitet. In deren Mittelpunkt standen die beiden mitgeführten Objekte, die als Hoheitszeichen des Sultans dessen legitime Herrschaft über die heilige Stadt symbolisierten: die Fahne des Propheten und der *Mahmal*, jene berühmte, auf einem Kamelrücken fixierte Zeremonialsänfte in Form eines Reisezeltes, in der man die *Qiswa*, das golden bestickte Tuch, das die Kaaba umhüllt, transportierte.

Postskriptum: Pilgerkarawanen waren auch unter Schiiten üblich. Ihre bedeutsamsten Ziele waren die Mausoleen von Ali und Hussein, des Ersten und Dritten Imam in den zentralirakischen, damals in der südöstlichsten Ecke des Osmanischen Reiches gelegenen Städten Nadschaf und Kerbela. Innerhalb Irans lockten – und locken heute mehr denn je – die Städte Mashhad und Qom mit den prunkvollen Grabstätten des Achten Imam beziehungsweise dessen Schwester die meisten Bußpilger an.

Spezielle Karawanen besorgten einst auch den Transport Verstorbener zu heiligen Stätten. So ließen sich fromme Sunniten, ehe die Wahhabiten dies 1806 verboten, bevorzugt nahe dem Prophetengrab, auf dem Baqi-Friedhof von Medina, bestatten. Schiiten erachten den Boden um die Schreine von Nadschaf und Kerbela quasi als Himmel auf Erden, Zentralasiens Gläubige hingegen die Friedhöfe von Buchara, wo viele hochverehrte Sufis ihre letzte Ruhe fanden. Leichname über weite Strecken zu befördern war teuer und kam im frühen 20. Jahrhundert wegen bürokratischer Hürden sowie erhöhter Hygienestandards außer Mode.
Im Bild: die Miniatur: »Hadschpilger« – eine Buchillustration von Yahya ibn Mahmud al-Wasiti, Bagdad, 13. Jahrhundert.

59 Transsahara-Trails

Wie und wo man die große Wüste durchquerte

Als die Araber im Namen Allahs Nordafrika eroberten, stießen sie auf den Spuren der Garamanten und Römer auch tief in die Sahara vor. Weiter noch als die Soldaten wagten sich bald die islamischen Händler auf ihren Kamelen in die endlose Einöde. Ganz im Westen kamen sie von Marrakesch, später von Fes und Sijilmassa über Taghaza und Timbuktu bis an die Grenzen des sagenumwobenen Königreichs von Mali, einer schier unerschöpflichen Quelle von Sklaven und Gold. Eine andere Route begann in Tunis beziehungsweise auf Djerba und führte über Ghadames, an Hoggar- und Air-Gebirge vorbei, nach Gao am Niger beziehungsweise bis nach Ghat. Die Hauptachse in Nord-Süd-Richtung jedoch verlief von Tripolis in die alten Königreiche von Kanem und Bornu im heutigen Süd-Tschad.

Berühmt war – und ist immer noch – der *Darb el-Arbain*, der »Pfad der 40«, benannt nach der (ungefähren) Zahl der Tage, die man für seine Bewältigung benötigt. Er führt von der Region Al-Faschir im Nordwestsudan über Bir Natrum und Wadi Howar nach Oberägypten und diente schon in früher Pharaonenzeit, vor 4.500 Jahren, als Transportroute für Gold, Elfenbein, Gewürze und Weizen. Bis ins späte 19. Jahrhundert handelte man auf ihm intensiv mit Sklaven.

Heute stellt der Darb el-Arbain eine der letzten Fernrouten für den Kamelhandel dar. Die Dromedare werden in den sudanesischen Provinzen Darfur und Kordofan gezüchtet, von dort 300 bis 400 Kilometer nordostwärts bis zum Nilhafen Dongola und von dort flussabwärts bis in das südlich von Kom Ombo gelegene Dorf Daraw getrieben. Dort kann man auf dem täglichen Kamelmarkt immer noch Männer vom Stamm der Bishari und Rizayqat in Wollumhang und Pluderhose beim temperamentvollen Feilschen erleben. Ihre Kunden sind nubische und ägyptische Fellachen auf der Suche nach Lasttieren oder Viehhändler, welche die geschundenen Kreaturen in Kairo mit Profit weiterverhökern.

Literaturempfehlungen für spannende Fauteuil-Abenteuer – Carlo Bergmann: »Der letzte Beduine. Meine Karawanen zu den Geheimnissen der Wüsten«; Arita Baaijens: »Wüstennomaden. Als Frau mit Kamelen durch den Sudan«; Justin Marozzi: »South from Barbary«; Michael Asher: »In Search oft the Forty Days Road«, »A desert dies« und »Impossible Journey. Two against the Sahara« sowie John Hare (siehe auch Kapitel 11): »Shadows across the Sahara. Travels with Camels from Lake Tschad to Tripoli«.
Im Bild: unterwegs in der südmarokkanischen Sandwüste Erg Chegaga, nahe der Grenze zu Algerien.

60_Salzkarawanen heute

Archaische Konvois zwischen Sahara und Sahelzone

Die Transsaharakarawanen haben Anfang des 20. Jahrhunderts ihren Betrieb endgültig eingestellt. Die Gründe dafür hingen alle mit dem wachsenden Einfluss der europäischen Mächte in Nord- und Westafrika zusammen: Ein Grund war das Verbot der Sklaverei, das die Händler ihrer wichtigsten Ware beraubte. Einen anderen bildeten die künstlichen Grenzen zwischen den neu geschaffenen Staatsgebilden, die durch ihre Bürokratie den Karawaniers ihr Geschäft vergällten. Ein Übriges tat die moderne Verkehrsinfrastruktur: Die Häfen entlang der Westküste wurden erweitert und Eisenbahnlinien sowie Lkw-Pisten in das Hinterland bis hinein in den Sahelraum gebaut. Zudem brachen Geldverkehr und Lohnarbeit mit zerstörerischer Wucht in das alte System des Tauschhandels ein.

Erhalten haben sich bis zum heutigen Tag – allen Kriegen und Kolonisierungen, Raubzügen und Revolten zum Trotz – im Wesentlichen zwei dem Salzhandel dienende, von Tuareg betriebene Binnenkarawanen: eine zwischen Timbuktu und Taoudenni, *azalai* genannt, in Mali; die zweite, *tarhalamt* mit Namen, zwischen Bilma und der Saline Fachi, zwei Oasen im Nordosten des Niger. Letztere ist Teil eines komplizierten Karawanenzyklus, durch den die Märkte in dem Dreieck Agadez–Kano–Bilma/Fachi beliefert werden.

Der zentrale Umschlagplatz in diesem vom saisonalen Jahreslauf bestimmten Warenkarussell ist das Gebiet der Kawar-Oasen östlich der Wüste Ténéré. Als dort Ende der 1960er Jahre eine katastrophale Dürre einsetzte, geriet das System ernsthaft in Gefahr. Und als die Regenmesser Anfang der 1980er absolute Rekordminima anzeigten, wurde die Salzkarawane eingestellt und von der Regierung durch Lkws ersetzt. Eine uralte Tradition, so dachte man, sei endgültig gestorben. Doch siehe da: 1986 erlebte die archaische Transportmethode eine Renaissance – so, als habe es sich bei der Unterbrechung bloß um ein klimabedingtes Intermezzo gehandelt. Das Kamel hatte noch einmal gesiegt.

Auch in der Danakil-Senke, einer extrem heißen und unwirtlichen, aber landschaftlich faszinierenden Vulkanwüste im äußersten Nordosten Äthiopiens, existiert heute noch eine Salzkarawane. Drei Tage sind die Männer vom Volk der Afar unterwegs, um das »Weiße Gold«, das vor Jahrtausenden durch Verdampfung des bis hierher reichenden Roten Meeres entstand, in Form scharfkantiger Platten auf Kamelrücken durch die Wüste zu befördern. Vom Zielort, dem Dorf Berhaile, transportieren Lastwägen ihre begehrte Ernte, über eine Million Tonnen pro Jahr, ins Landesinnere weiter.

61 Begegnungen im Alten Rom

Vom Mare Nostrum bis zur Provincia Britannia

Eine gängige Theorie besagt, die Römer seien dem Kamel erstmals im Gebiet des heutigen Syrien begegnet. Eine andere meint, sie hätten es schon vor der Zeitenwende im heutigen Tunesien kennengelernt, aber nicht bei sich eingeführt. Die wohl plausibelste Erklärung lautet, die Tiere seien spätestens zur Zeit der dortigen Ptolemäerherrschaft, dem 4. bis 1. Jahrhundert vor Christus, von Beja-Nomaden aus dem Niltal systematisch herdenweise gen Westen getrieben worden, und zwar südlich der wasserlosen Zentralsahara durch den Sudan und Sahel bis zum Atlantik. Prähistorische Felsritzzeichnungen in allen Bergen entlang dieser Route – Ennedi, Tibesti, Tassili, Hoggar, Adrar – belegen, dass Wandervölker sie seit frühesten Zeiten nutzten. Tatsache ist, dass im Transsahara-Handel führende Völker wie die Garamanten oder Berber sich der Dromedare als Packtiere bedienten. Durch sie dürften wohl die Römer mit den Tieren in Kontakt gekommen sein.

Aus europäischer Sicht spannend ist, dass sich in antiker Zeit Kamele zuhauf auch in den Ländern nördlich des Mare Nostrum, des Mittelmeeres, tummelten: in Spanien, Italien, Frankreich, Deutschland, Österreich, Ungarn, Slowenien, den Balkanländern, ja sogar England ... Innerhalb der einstigen Grenzen des Imperium Romanum stieß man vielerorts auf Überreste. Dass die meisten Fundorte sehr nahe den Trassen altrömischer Fernstraßen liegen, lässt vermuten, die meisten Tiere (übrigens ein- und zweihöckrige) hätten damals Lasten geschleppt, sei es für zivile oder militärische Zwecke. Bloß eine Minderheit dürfte das noch traurigere Schicksal von Fleischlieferanten ereilt haben. Eindeutig aus der Reihe tanzt jenes Exemplar, das Archäologen in Viminacium, einer Grenzstadt im heutigen Serbien, zwischen den Mauerresten eines Amphitheaters zutage förderten: Es spielte wohl im Rahmen öffentlicher Spektakel die Rolle eines amüsanten Kuriosums.

Erstmals in der altrömischen Literatur findet sich das Kamel im Bericht über Caesars Feldzug gegen Juba I. erwähnt: Als der Imperator nach seinem Sieg 46 vor Christus in der Schlacht von Thapsus dem König von Numidien die Beute abnahm, enthielt diese auch zwei Dutzend Kamele. In späteren Jahrhunderten häufen sich die einschlägigen Berichte. Ein Beispiel von vielen: 363 nach Christus beschlagnahmte ein gewisser Gouverneur Romanus nahe der Stadt Leptis Magna in der Provincia Tripolitania zur Versorgung seiner Truppen über 4.000 (!) Kamele.

Im Bild: Auf dem byzantinischen Bodenmosaik des Diakonikon-Baptisterium auf dem Berg Nebo, Jordanien, findet sich auch ein Mann mit Dromedar.

62 Nicht wirklich ein Exot

Frühe Präsenz in Europa

Kamele waren nicht nur zu Zeiten des Römischen Reiches auf dessen europäischem Territorium verbreitet. Auch nach dem Fall Westroms im ausgehenden 5. Jahrhundert kamen, von den Ufern von Donau, Rhone und Rhein über Italien und die Iberische Halbinsel bis hinauf nach England, vor allem die aus Nordafrika importierten Dromedare immer wieder als Lastenträger zum Einsatz. Archäologische Reste belegen, dass etwa zur selben Zeit Trampeltiere aus dem turkmenischen Raum und durch die russische Steppe bis an den Ostrand Europas gelangten. Dort gerieten sie in den Besitz der Visigothen und anderer germanischer Stämme, die sie weiter westwärts verbrachten.

Im Südwesten betraten die Höckertiere den Boden des Kontinents in nachantiker Zeit erstmals im Zuge des gewaltsamen Eindringens von muslimischen Arabern und Berbern. Mit deren Heeren zogen sie nordwärts bis in den Mittelwesten des Fränkischen Reiches. Doch ungeachtet der viele Generationen alten einschlägigen Erfahrung der Wüstenbewohner kamen Zucht und Haltung von Dromedaren in Europa nie recht in Gang. Nachdem die katholischen Armeen 1492 Granada rückerobert und so das endgültige Aus der maurischen Herrschaft nördlich der Meerenge von Gibraltar besiegelt hatten, konnte sich das Kamel in den nun erneut christlichen Landen eine Zeit lang halten. Doch ungeachtet der unbestreitbaren Tatsache, dass es sich für das hiesige Klima, die Beschaffenheit von Boden und Vegetation bestens eignete, ließ man zu, dass es über kurz oder lang verschwand.

In Bezug auf Sizilien bezeugt der Chronist Gaufredus Malaterra als Augenzeuge das erstmalige Auftauchen des Kamels im Gefolge der Araber im Jahr 1058. Von dieser Insel stammten vermutlich jene Dromedare, die 1235 in Worms am legendären Prunkzug anlässlich der Eheschließung des Stauferkönigs Friedrich II. mit Isabella, der Schwester Heinrichs III. von England, teilnahmen.

Herrscher bedienten sich immer wieder der Kamele, wenn Diplomatie oder Repräsentation dies nahelegten. Muhammad I., Emir von Cordoba, etwa sandte im Jahr 865 etliche Tiere als Geschenk an Karl den Kahlen, sein Gegenüber auf dem westfränkischen Thron – wohl um die Bande zwischen Karolingern und den Omajjaden von al-Andalus zu stärken. Auch der berühmte, im 12. Jahrhundert in Sizilien gefertigte Krönungsmantel der römisch-deutschen Kaiser, heute in der Wiener Schatzkammer, zeigt unter anderem zwei Kamele. Im Bild: eine Allegorie des Kontinents Asien aus Meißener Porzellan, um 1760; zu sehen im Wadsworth Atheneum in Hartford, Connecticut/USA.

63 Erfolgreicher Export

Die Kamelkolonie auf den Kanaren

Einen ernsthaften, auf Langfristigkeit angelegten Versuch auf dem Gebiet der Kamelzucht startete Anfang des 15. Jahrhunderts ein gewisser Jean de Béthencourt. Mit Hilfe seines offenbar immensen Privatvermögens und später dank der Unterstützung durch die Könige von Kastilien unternahm dieser normannische Abenteurer und Ritter damals als erster Europäer eine Expedition zu den Kanarischen Inseln und leitete deren Kolonisierung in die Wege. Als deren nomineller Kurzzeitherrscher etablierte er gemeinsam mit französischen Landsleuten mehrere Siedlungen und importierte aus dem nahen Marokko Kamele, genauer: Dromedare – eine Spezies, die den indigenen Inselbewohnern, den Guanchen, absolut unbekannt war.

Dank der für sie günstigen natürlichen Bedingungen und weil die einheimische Bevölkerung offenbar schon bald ein Interesse an ihrer Zucht entwickelte, vermehrten sich die Tiere rasant. Nach nur 200 Jahren ging ihre Zahl in die Tausende. Sie lebten hauptsächlich auf den östlichsten, ariden Inseln Lanzarote und Fuerteventura, mit deren von Vulkanasche bedeckten und daher weichen Böden sie als Schwielensohler besser als andere Nutztiere zurechtkamen. Aber auch im Süden von Teneriffa und Gran Canaria waren sie bald zu Hause.

Die Kamele kamen in so gut wie allen Bereichen der Landwirtschaft als Last- und Zugtiere zum Einsatz, insbesondere wenn es galt, steile, für weniger geländegängige Vierbeiner kaum zugängliche Hänge urbar zu machen, Baumaterial für die Stützmauern von Terrassenfeldern oder Steine zu transportieren. Heute leben auf dem gesamten Archipel mehr als 1.200 Dromedare. Doch es gehört schon sehr großes Glück dazu, noch eines mit einem Pflug im Schlepptau auf einem Acker im Einsatz zu sehen. Die überwiegende Mehrheit dient als Touristenattraktion in Safariparks oder Ferienresorts, wo sie Urlauber kurz im Kreis oder für ein, zwei Stunden durch die Gegend schaukeln.

Der Zoo Oasis Park Fuerteventura umfasst mit knapp 400 Dromedaren die größte Kamelfarm Europas. Touristen können hier Ausritte unternehmen. Angeschlossen ist aber auch ein Forschungsinstitut, das sich wissenschaftlich mit Zucht und Milch der kanarischen Kamele beschäftigt. Es trägt so maßgeblich zum Schutz dieser *Camellos Majoreros* genannten, infolge der jahrhundertelangen Isolation genetisch eigenständigen Rasse bei. Bald schon will man auf der Insel kommerziell Kamelmilch herstellen und vermarkten und so diesem hier verwurzelten, aber allzu gering geschätzten Haustier neue Bedeutung verleihen (www.oasiswildlifefuerteventura.com).

64 Des Großherzogs Gestüt

1620–1944: San Rossore bei Pisa

Ein faszinierendes und erstaunlich lange währendes Experiment startete Ferdinand II. de' Medici in den 1620er Jahren in San Rossore, einem Dorf westlich von Pisa. Der Großherzog von Toskana, ein spätes Mitglied der berühmten Händler- und Bankiersdynastie aus Florenz, gründete dort, inmitten einer sandigen Ebene, ein Gestüt zur Zucht von Dromedaren. Seine ersten Tiere hatte ihm der osmanische Bey von Tunis zum Geschenk gemacht. Nach und nach wuchs der Bestand – nicht zuletzt infolge des triumphalen Sieges der Christenheere über die Türken 1683 vor Wien. Denn etliche der mehr als 10.000 von den besiegten Besatzern ergatterten Tiere wanderten, zusammen mit drei türkischen Gefangenen, als »Kriegsbeute« schnurstracks nach Pisa.

Im Jahr der Französischen Revolution nannte das Gestüt mehr als 200 Kamele sein Eigen. Jahre später ward ein gutes Dutzend nach Neapel gesandt, um dort den Kern einer weiteren, neuen Herde zu bilden. Und bald darauf überbrachte man zwei Exemplare zum selben Zweck dem österreichischen Kaiser höchstderoselbst nach Wien.

San Rossore wurde über die Jahrhunderte sehr erfolgreich als kommerzieller Betrieb geführt. Seine einhöckrigen Bewohner wurden aufgrund ihrer Kraft und Fügsamkeit bei zahlreichen Anlässen öffentlicher Lustbarkeit als Reittiere eingesetzt. Einige Schönheiten verschickte man sogar in ganz Italien zu Landwirtschaftsmessen, wo sie diverse Preise einheimsten. Als zirkushafte Kuriositäten wurden sie allerdings nie missbraucht. Das Ende der Herde kam abrupt und war unrühmlich: Zur Endzeit des Zweiten Weltkriegs, im Herbst des Jahres 1944, wurden die verbliebenen 60 Tiere von ausgehungerten Soldaten geschlachtet und … gegessen. Zwei Versuche zur Wiederbelebung gab es in der Folge noch: den ersten 1956 mit einer Stute und einem Hengst, beide aus Libyen importiert; den zweiten 2014 mit einer Ménage-à-trois, zwei Männchen. Doch keine der Initiativen trug Früchte.

Der Naturpark von San Rossore (und Migliarino und Massaciuccoli) erhielt im Jahr 2014 drei Dromedare geschenkt. Sie werden heute regelmäßig zum Reinigen des Strandes eingesetzt. Gut erhalten sind noch die historischen Stallgebäude für die Kamelzucht aus der Zeit der Medici (www.parcosanrossore.org).

65 Transfer missglückt

Für feuchtheiße Gegenden nicht geeignet

Ausgesprochen dürftig waren die Ergebnisse, wenn es darum ging, Kamele auf Dauer in Kolonien mit tropischem Klima einzubürgern. Gewiss, für einige Zeit wurden die Tiere da und dort durchaus mit Erfolg verwendet, um Zuckerrohr zu schleppen, Bewässerungsräder anzutreiben und Karren oder Pflüge zu ziehen. Doch ob auf Jamaika, Java oder Kuba, in Brasilien, Venezuela oder Mosambik: Früher oder später stieß jedes Experiment, Altweltkamele in solchen für sie exotischen Überseegebieten anzusiedeln, auf unüberwindliche Schwierigkeiten.

Die Gründe hierfür? Manchmal lag es an Krankheiten, Schlangenbissen oder schlicht an der feuchtheißen Witterung. Manchmal wurde ein Einsatz der Tiere durch königliche Dekrete gestoppt, wie etwa im Falle Perus, wo Mitte des 16. Jahrhunderts ihre billige Arbeitskraft die Profite zu schmälern drohte, die etablierte Händler aus Europa durch die Vermietung einheimischer Träger mit nur zwei Beinen zu Sklaventarifen machten. Vereinzelt wurden Unternehmen freilich auch so verspätet gestartet, dass das allgemeine Interesse an motorisiertem Arbeits- oder Transportgerät parallel bereits einsetzte. Nicht unterschätzt werden dürfen zudem schlichte ökonomische Gründe.

Vordergründig mögen Kamele dank ihrer Stärke und Ausdauer zum Dienst in vielen Weltgegenden geradezu prädestiniert erscheinen. Doch ein Haupthindernis wurde gern vergessen: nämlich ihre überlange Reifedauer. Rinder erlangen die Fähigkeit sich fortzupflanzen nach einem, Pferde immerhin nach drei Jahren. Kamele indes sind erst nach sechs Jahren geschlechtsreif. Sie in Wüsten oder Steppen als Milch- und Fleischlieferanten frei weiden zu lassen, macht kalkulatorisch längerfristig dennoch Sinn. Doch auf besiedeltem Gebiet in gemäßigten Breitengraden, wo sie wie alle anderen Nutztiere wertvolle Agrarfläche und Futter verbrauchen, können sie im kommerziellen Wettbewerb nicht bestehen.

66 High Noon im Alten Orient

Kameltruppen als Trumpf in der Schlacht

Herodot beschreibt in seinen »Historien«, wie Kyros der Große zu Beginn der Schlacht bei Thymbra (547 vor Christus) seine Packkamele entladen, Reitersoldaten aufsitzen und die so kurzfristig geschaffene Kamelkavallerie gegen das Heer seines Kontrahenten Krösus reiten ließ. Was folgte, verblüffte die Zeitzeugen: Die Soldaten der Lyder machten Knall und Fall kehrt und nahmen Reißaus. Ihr bis dahin stolzes Reich sank zur persischen Satrapie herab. So wie 66 Jahre später sein Nachfolger Xerxes, der bei der Invasion Griechenlands schon auf reguläre Kamelverbände setzte, wusste Kyros allzu gut, welchem Phänomen er seinen Triumph verdankte: »Der Großkönig«, so Herodot, »konfrontierte die Pferde der Feinde mit Kamelen, weil Erstere den Anblick und Geruch Letzterer als absolut unerträglich empfinden.«

Die natürliche Abscheu und Angst der Pferde vor Kamelen in Kombination mit dem Vorteil, dass ihre Reiter vom Höcker aus den Feind im Nahkampf aus überlegener Höhe konfrontieren, nutzten viele Feldherren der Frühgeschichte. Im Alten Testament steht erwähnt, wie die Amalekiter und Midianiter im Kampf gegen Josua respektive Gideon ihre Schützen auf Kamelen reiten ließen. Militärisch im Einsatz waren Dromedare auch zu Zeiten des Neuassyrischen Reiches (9.–7. Jahrhundert vor Christus): Der Araberkönig Gidibu etwa entsandte eine 1.000-köpfige Kamelkavallerie in die berühmte Schlacht von Qarqara (853) gegen Shalmaneser III. Perserkönig Darius III. versuchte, die Angriffe Alexanders des Großen mittels Kamelen zu kontern. Höckertiere kämpften in den Armeen der Parther, Nabatäer, Palmyrener und, gegen die Römer, in den Reihen der Seleukiden. Die römische Armee ihrerseits rekrutierte später in den Wüstenprovinzen des syrischen Ostens sogar dauerhaft auf Kamelen reitende Hilfstruppen, die *dromedarii*.

Ein Beispiel, freilich aus der frühen Neuzeit, vom militärischen Einsatz auf europäischem Boden: Zeitgenössische Quellen berichten, wie die Osmanen Abertausende Kamele nutzten, um Waffen und Schießpulver von den Adriahäfen über Land nach Belgrad zu befördern, von wo die kriegswichtige Fracht donauaufwärts weitergeleitet wurde. Bei der weltgeschichtlich wichtigen Schlacht um Wien 1683 führten die belagernden Türken mehr als 10.000 Kamele als Lastentiere mit sich.
Im Bild: Eine sogenannte Rossstirn, ein Kopfschutz für Pferde (englisch shaffron), wurde in Mittelalter und früher Neuzeit häufig als Dekor oder zum Einsatz in Kampf oder Turnier verwendet. Gleiches gab es, wie dieses Exemplar aus osmanischen Beständen belegt, selten aber doch auch für Kamele.

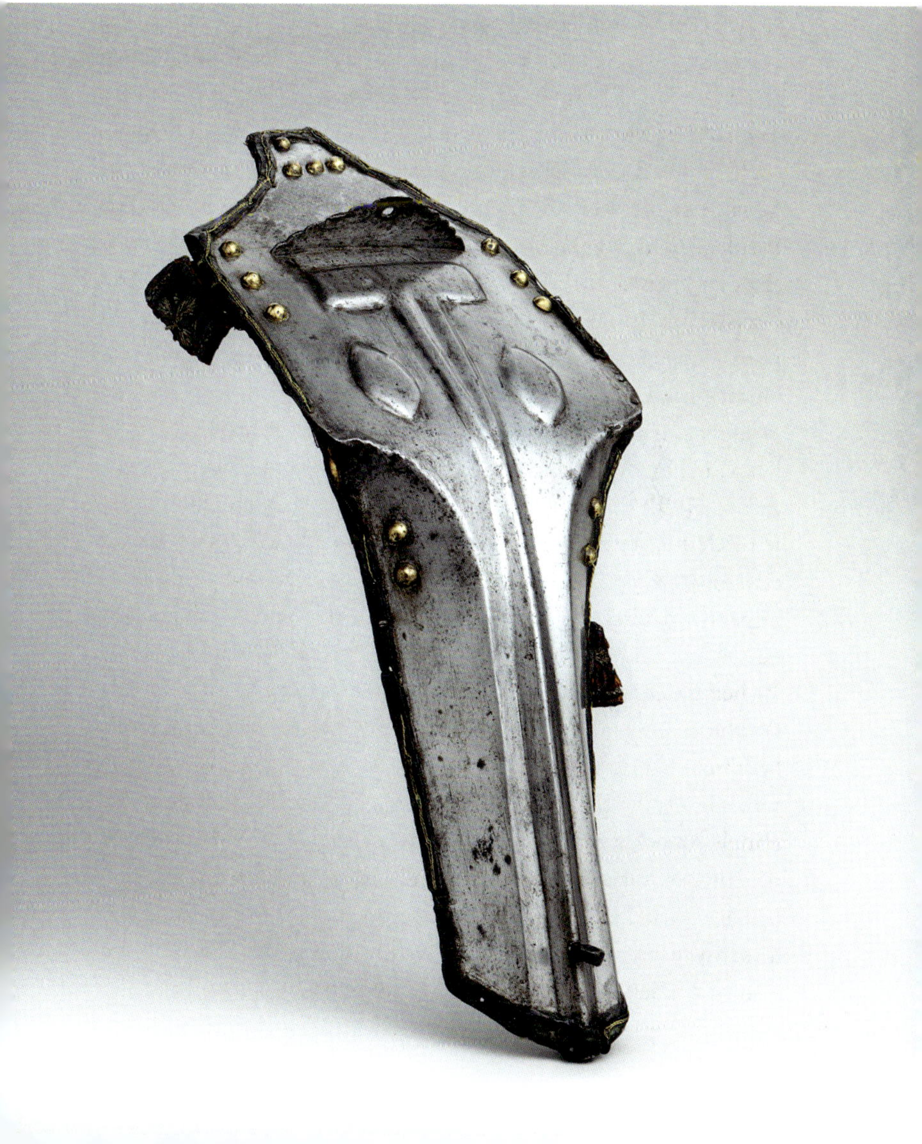

67 Begrenzt fronttauglich

Eigenschaften im Gefechtsfeld

Die im vorigen Kapitel genannten Beispiele aus den Armeen der altpersischen Achaimeniden, der Assyrer, Parther, Seleukiden, Araber, Römer, Palmyrener et cetera zeigen: Kamelen eilte, wenn es um ihren Einsatz bei Kampfhandlungen ging, seit alters ein furchterregender Ruf voraus. Gleich ob mit oder ohne Überraschungseffekt, Krieger oder Soldaten sorgten, auf ihnen reitend und bewaffnet mit Bögen, Speeren oder, viel später, mit Gewehren, bei gegnerischen Fußtruppen stets für Angst und Schrecken. Außerdem waren sich Militärstrategen sämtlicher Zeiten nur allzu sehr der Tatsache bewusst, dass Kamele in der Hitze des Gefechts, vor allem wenn konfrontiert mit Gewehr- und Geschützfeuer, ungleich weniger nervös und konfus als Pferde reagieren.

Dennoch: Generell machten die Höckertiere im Kampf keine sonderlich überzeugende Figur. Selbst Araber erachteten sie als reichlich schwankende, das heißt unsichere Basis, um Feinde mit Pfeil oder Kugel präzise zu töten. Und bei der Begegnung mit regulären Armeen bestand ihr effizientester Einsatz nicht selten darin, kraft ihrer langen Beine flugs die Flucht zu ergreifen, soll heißen: möglichst ungeschoren davonzukommen.

Ihre militärische Bedeutung lag vornehmlich in der Fähigkeit, schwere Lasten zu schleppen und tagelang ohne Wasser schwer zugängliches Gelände zu durchqueren. Dies prädestinierte sie für Einsätze auf Patrouillenritten beziehungsweise zur Beförderung von Proviant und Waffen über lange Strecken, insbesondere – aber keineswegs ausschließlich – in Wüstengebieten. So wurden Kamele, von den gegenseitigen Überfällen seminomadischer Stammesgruppen bis zu den Schlachten moderner Armeen im 20. Jahrhundert, vor allem für den Antransport zum Kampfplatz oder zur Front benutzt. Dort sattelte man entweder auf die mitgeführten, deutlich wendigeren Pferde um oder bekriegte sich der Einfachheit halber zu Fuß.

Die Illustration im Bild zeigt einen Kamel-Artilleristen in persischen Diensten, gezeichnet von Oberst Émile Duhousset, publiziert 1860 in Paris.

68 Im Dienste Ihrer Majestät

Über das britische Imperial Camel Corps

Berühmt und berüchtigt zugleich war das *Imperial Camel Corps* (ICC), das vom Britischen Empire 1916 gegründet wurde: Einsatzgebiet der kamelberittenen Infanterietruppe waren die Wüsten Nordafrikas und Vorderasiens. Das Corps spielte im Ersten Weltkrieg auf mehreren Feldzügen, insbesondere auf der Sinai-Halbinsel und in Palästina, eine wichtige Rolle. Seine ersten Einheiten bestanden vorrangig aus Neuseeländern und Australiern, die das militärische Desaster der Schlacht von Gallipoli überlebt hatten. Die ersten Kamele, außergewöhnlich groß gewachsene Tiere, kamen aus Bikaner in Rajasthan, einem indischen Fürstenstaat, der auf eine lange Tradition der erfolgreichen Nutzung dieser höckrigen Reittiere zurückblickt (siehe Kapitel 74 ff.).

Die Hauptaufgabe des ICC bestand in Langstrecken-Patrouillen entlang dem Suez-Kanal und ins Innere des Sinai. Doch bald wurde sie von einer Späh- zu einer aktiven Kampftruppe umorganisiert und wuchs zu einer Brigade mit in Summe mehr als 4.000 Mann und knapp 5.000 Kamelen heran. Stationiert war sie im Kairoer Vorort Abassi. Ihr erster Einsatz galt dem Kampf gegen die Anhänger der Senussi in der Westlichen Wüste, dem Grenzraum zu Libyen. 1917/18 focht das Corps unter anderem in Gaza, Beersheba, El Mughar und Amman heftige Schlachten gegen Einheiten der Osmanen, die ihrerseits zeitgleich, es versteht sich, im Hedschas und Jemen selbst Kameltruppen unterhielten.

Kenner innerhalb der britischen Armee, darunter der legendäre »Lawrence of Arabia« oder Major Arthur Glyn Leonard, der 1894 ein Standardwerk über »Gebrauch und Management von Kamelen« verfasst hat, schwärmten durch die Bank über die Qualitäten der Vierbeiner. Was sie tunlichst verschwiegen: Im Ersten Weltkrieg fanden allein geschätzte 23.000 Kamele im aktiven Dienst den Tod. Gar nicht zu reden von den Hekatomben anderer vom Militär missbrauchter Lasttiere.

Ob Gordons und Kitcheners Schlachten gegen den selbst ernannten Messias, den Mahdi, im Sudan oder die Kämpfe des Empire in Afghanistan, ob die Niederschlagung des Boxeraufstands in China oder die fünf Feldzüge in Somaliland gegen den Sufi-Scheich-Poeten Mohammed Abdullah Hassan: Der britischen Militärmissionen unter Beteiligung von Kamelen gab es viele. Sie waren blutig. Allein im Zweiten Anglo-Afghanischen Krieg (1878–80) starben an die 60.000 Höckertiere.

Im Bild: das zum Gedenken an das Imperial Camel Corps errichtete Denkmal auf dem Victoria Embankment, dem nördlichen Themseufer in London.

69 Le chameau en guerre

Unter französischem Kommando in Nordafrika

Der Pionier unter Europas Generälen, die bei Feldzügen von Kamelen Gebrauch machten, war Napoleon Bonaparte. Auf seinem dreijährigen Ägyptenfeldzug (1798–1801) war er sich der Überlegenheit von Dromedaren gegenüber Pferden im sandigen Wüstengelände von Beginn an bewusst. In seinem Expeditionsheer kämpften deshalb mehrere Bataillone von insgesamt 700 Männern hoch zu Kamel.

Das Land am Nil sollte nicht das einzige Einsatzgebiet für Kamelkorps im Zeichen der Trikolore bleiben: Viel intensiver wurden die widerstandsfähigen Tiere von den Franzosen in den Wüstenregionen Westafrikas eingesetzt. Legendär waren die *Compagnies Méharistes.* Benannt nach den extraschnellen Reitdromedaren der Tuareg, den Mehari, und rekrutiert aus nomadischen Berberstämmen, kontrollierte diese Kamelkavallerie von Stützpunkten wie den Oasen Adrar, Ouargla und Tamanrasset aus als Wüstenpolizei die immensen Weiten Französisch-Algeriens. Angetan mit einer leichten Wolltunika, der *Gandoura*, mit der schwarzen Pluderhose *Seroual*, Turban, Schleier und Schärpe waren vor allem sie es, die, ab 1940 bisweilen im Verbund mit der berühmt-berüchtigten Fremdenlegion, den Umgang mit den »blauen Rittern der Wüste«, den chronisch aufrührerischen Tuareg-Nomaden, pflegten.

Im Zweiten Weltkrieg kämpften die C*ompagnies Méharistes* im Auftrag von de Gaulles Freiem Frankreich im Fessan und in Südtunesien sowie am damals italienisch besetzten Horn von Afrika gegen die Achsenmächte. In den 1960ern wurden die Méharisten im Algerienkrieg gegen die Nationale Befreiungsfront FLN eingesetzt. Davor, in den friedlicheren Zeiten unter französischer Besatzung, hatten sie vielerorts auch zivile Aufgaben übernommen – lokale Gesetze administriert, Brunnen und den Zustand von Weideflächen in fruchtbaren Oasen überprüft und die basismedizinische Betreuung der über weite Wüstengebiete verstreuten Stammesgruppen sichergestellt.

1900.

»Soldaten, seid euch bewusst, dass von diesen Pyramiden 40 Jahrhunderte auf euch herabblicken.« Als Napoleon am 21. Juli 1798 bei seiner Rede an die versammelten Truppen, kurz vor deren siegreicher Schlacht gegen die Mameluckenarmee, diesen legendären Satz sprach, ritt er auf einem Dromedar. Das solcherart geadelte Tier wurde unmittelbar nach der Kapitulation vor den Briten 1801 nach Frankreich verfrachtet. Dort steht es heute (wenn es denn wirklich dasselbe ist), von einem Taxidermisten präpariert, ausgestellt im Musée africain auf der dem Atlantikhafen Rochefort vorgelagerten Île d'Aix (www.rochefort-ocean.com).
Im Bild: die Abbildung eines *Spahi sahariens*, eines von der französischen Armee meist unter Maghrebinern rekrutierten Angehörigen ihrer Regimenter der leichten Kavallerie.

70_Somalia bis Südwestafrika

Militäreinsatz für Italiener, Spanier und Deutsche

Was Briten und Franzosen konnten, konnten auch ihre Gegner auf dem kolonialen Schachbrett: Die italienischen *Regi corpi truppe coloniali* zum Beispiel verpflichteten nach Mussolinis Machtergreifung im Somaliland einheimische Hilfssoldaten, genannt *Dubats* (»Weiße Turbane«). Zum Teil auf Kamelen reitend, waren sie in den mittleren 1930er Jahren an der Invasion Äthiopiens ebenso beteiligt wie am Einmarsch in Britisch-Somaliland und dem Angriff auf Kenia.

Auch die Spanier unterhielten ab den späten Zwanzigern eine Kamelkavallerie: Ihre *Tropas de Policía del Sahara* operierten an der Küste wie im Landesinneren der damals (und noch bis 1975) von ihnen gehaltenen Westsahara. In der Folge in *Tropas Nómadas* umbenannt, bestanden sie zur Hälfte aus Angehörigen der in der Region ansässigen Stämme, die mit den Gegebenheiten vor Ort vertraut waren. Der Rest waren *Regulares* und marokkanische *Goumiers*, die bereits im Rifkrieg gekämpft hatten.

Kamele landeten auch im Süden des Schwarzen Kontinents: 1906 verschiffte Lorenz Hagenbeck 2.000 sudanesische Dromedare nach Swakopmund, damals Deutsch-Südwestafrika. Sie standen bis zum Ende des Ersten Weltkriegs im Dienst der dortigen *Schutztruppe*. Denn nur sie konnten in der Kalahari und der Namib-Wüste überleben. Pferde waren zuvor von der Afrikanischen Pferdesterbe und Ochsen von Rinderpest und Maul- und Klauenseuche hinweggerafft worden. Später wurden die inzwischen von den Briten konfiszierten Kamele infolge der allgemeinen Motorisierung aufgegeben und nach und nach, so geht das Gerücht, von Löwen und »Buschmännern« aufgegessen.

Apropos Deutsche: Im Zweiten Weltkrieg organisierten Hitlers Truppen in der südwestlichen Sowjetunion auf dem Marsch Richtung Kaukasus Kamelkarawanen. Sie mussten Benzinfässer schleppen, um die hinter den Nachschublinien gestrandeten Panzerverbände mit überlebensnotwendigem Treibstoff zu versorgen.

In gar nicht wenigen Ländern existieren noch heute Nachfolgeeinheiten der einstens von den Kolonialmächten betriebenen Kamelkavallerien. In Indien etwa hat das früher auch als *Ganga Risala* bezeichnete *Bikaner Camel Corps* überlebt, in Mauretanien eine Einheit von *Méharistes*. Auch Mali und Marokko setzen zwecks Grenzpatrouillen weiterhin auf Kamel-Kompanien. In Jordanien genießen die *Royal Desert Forces* hohes Prestige. Selbst die Emirate unterhalten in ihrer Hightech-Armee eine Einheit, die in entlegenen Wüstengebieten hoch zu Kamel Präsenz zeigt.
Im Bild: Ludwig Haussmann, Kamelreiter der deutschen Schutztruppe in Deutsch-Südwestafrika, kurz vor dem Ersten Weltkrieg.

71_Auf Posten im Südwesten

Das U.S. Camel Corps

Berühmt und längst gut dokumentiert ist die Geschichte der Altweltkamele in den USA. Diese hatten durch ihren Sieg über Mexiko (1848) ein riesiges Territorium zwischen dem heutigen Kalifornien und Texas hinzugewonnen. Da es überwiegend aus Wüsten und Bergen bestand, lag der Gedanke nahe, zur Erkundung, Sicherung und Besiedelung Kamele zu nutzen. Nach einigen Jahren beharrlichen Lobbyings erhielt ein weitsichtiger Armeeoffizier vom Senat grünes Licht. Zwei Versorgungsschiffe der Navy segelten in die Levante, 75 Dromedare wurden gekauft, in die Neue Welt verbracht und dort, unweit von San Antonio, in einem eigens nach dem Vorbild nahöstlicher Karawansereien erbauten Camp stationiert. Unter Aufsicht des Federal Government bildeten sie offiziell das *U.S. Army Camel Corps*.

Bereits 1857 marschierten zwei Dutzend der unverwüstlichen Vierbeiner im Tross einer Expedition, die eine neue Fahrtrasse von New Mexico westwärts bis zum Colorado River vermaß. Wenig später schickte man zwei weitere Konvois auf Erkundungstour entlang der mexikanischen Grenze. Etwa zeitgleich begannen Privatunternehmer, lukrative Geschäfte witternd, Kamele einzuführen.

Kamelfreundliche Militärkreise bemühten sich in jenen Jahren um Aufstockung der Bestände. Doch die »Maultier-Lobby« hielt dagegen. Deren Hauptargument: Anblick und Geruch der Kamele würde andere Packtiere, insbesondere Pferde, ängstigen.

Das Karriereende für die exotischen Zuwanderer brachte dann der Sezessionskrieg. Nachdem Truppen der Konföderierten das Camp in Texas beschlagnahmt hatten, musste ein Teil der Tiere fortan im Dienst des Postal Service Pakete und Briefe, ein anderer in Bergwerken Salze und Erze schleppen. Einige landeten in Zoos und Zirkussen. Doch ohne systematische Zucht schrumpfte ihre Zahl. Am längsten überlebten die Herden in freier Wildbahn: Ein letztes Exemplar wurde 1941 im tiefen Süden Kaliforniens gesichtet.

Dieses Mural an der Außenfassade eines Holzunternehmens in Ingram, Texas, zeigt die Ankunft der in den 1850er Jahren aus dem Nahen Osten importierten Kamele im Camp Verde der U.S. Army nahe San Antonio.

72_Im Schlepptau der »Ghans«

Wie das Dromedar nach Australien kam

Auf eine wahrlich außergewöhnliche Geschichte blickt die heute in Australien heimische Kamelpopulation zurück: 1840 hatten drei Brüder aus Adelaide die kuriose Idee, ein paar Dromedare für den Einsatz als Lastentiere im staubtrockenen, unwegsamen Landesinneren von den Kanarischen Inseln zu holen. Doch nur ein einziges überlebte die strapaziöse Schiffsreise. Folgenreicher war 20 Jahre später der Import von zwei Dutzend Höckertieren aus Karachi: »Afghans« nannten die einheimischen Angelsachsen deren mitgereiste Betreuer. »Ghans« hießen künftig, auch wenn sie in Wahrheit vorwiegend aus Rajasthan, Belutschistan oder dem Punjab stammten, pauschal all jene meist muslimischen Männer, die in der Folge als Kameltreiber oder -händler ins Land kamen und das Karawanenbusiness im Outback ins Laufen brachten. Nach ihnen ist der legendäre, den Kontinent querende Luxuszug (siehe Foto) benannt.

Jene ersten, 1860 eingeführten Dromedare hatten bei der berühmten Expedition von Burke und Wills, dem Versuch, den Fünften Kontinent in Nord-Süd-Richtung zu durchqueren, die Ausrüstung zu schleppen. Sie gingen dabei, wie übrigens auch alle zweibeinigen Teilnehmer, samt und sonders zugrunde. Trotzdem wurden, so wird geschätzt, bis zur Jahrhundertwende etwa 15.000 Kamele nach Australien verbracht – überwiegend Dromedare, darunter *Bishari* aus Nordostafrika, *Bikaneri* aus Rajasthan, vor allem jedoch, für schwere Arbeiten wie das Schleppen von Wollballen, Erzen, Wasserrohren oder Telegrafenmasten, die besonders robusten Tiere aus dem indischen Tiefland. Mit der zunehmenden Mechanisierung der Wirtschaft und Motorisierung des Verkehrs remigrierten viele »Ghans« zurück in ihre südasiatischen Herkunftsländer und entließen ihre nunmehr überflüssigen Schützlinge in die Freiheit. Diese vermehrten sich, bestens an die Lebensbedingungen in den küstenfernen, ariden Gebieten angepasst, munter drauflos. Und tun dies zum Leidwesen der übrigen Natur weiter (siehe Kapitel 73).

Den aus Vorderasien eingewanderten Kameltreibern, den »Afghans«, zu Ehren trägt jener berühmte Luxuszug, der bis heute mit betuchten Touristen an Bord zwischen Adelaide und Darwin verkehrt, den Namen »The Ghan«.
Im Bild: die mächtige Diesellok im Bahnhof von Alice Springs; auf dem Bahnsteig das Denkmal zu Ehren der »Gastarbeiter«.

73 Vom Nutztier zur Plage

Die verwilderten Herden in Down Under

Gibt man in Googles Suchmaschine die Begriffe »Kamele« und »Australien« ein, findet man fast ausschließlich Einträge über die Horden verwilderter Dromedare, die das Landesinnere bevölkern. Bereits 1925 ergab eine behördliche Zählung rund 20.000 frei lebende Exemplare. Ohne natürliche Feinde und territoriale Grenzen hat sich der Bestand seither ungehemmt vervielfacht. 2008 dürfte er eine Million überstiegen haben. Als Reaktion erschoss man damals, vorwiegend von Helikoptern aus, binnen vier Jahren 160.000 Tiere. Doch wächst ihre Zahl weiter um zehn Prozent im Jahr, und mit ihr das Dilemma.

Die Kamele hinterlassen speziell im Outback eine Spur der Verwüstung, fressen sie doch bis zu 80 Prozent der dort ohnehin kargen Vegetation. Damit berauben sie die einheimischen Wüstentiere und indirekt auch die Aborigines ihrer Nahrung. Zudem zertrampeln sie bei der Futtersuche großflächig Pflanzen, verunreinigen Quellen und Feuchtgebiete. Auch dringen sie, gedrängt von schlimmen Dürren oder Buschfeuern, häufig in abgelegene Siedlungen, beschädigen dort Zäune und Brunnen, deren Pumpen und Hähne, aber auch Toiletten und Klimaanlagen. Kein Wunder, plädieren viele Australier für wiederholtes, großflächiges Keulen. Und stoßen damit bei Tierschützern naturgemäß auf vehementen Widerstand.

Wobei in der kontrovers geführten Diskussion, wie mit den Plagegeistern umzugehen ist, auch wirtschaftliche Fragen eine wichtige Rolle spielen. Denn zum Teil werden sie auch auf dem Fünften Kontinent mit Erfolg kommerziell verwertet, ihre Haut und Wolle etwa, zu Textilien und Leder verarbeitet, in beträchtlichen Mengen exportiert. Gleiches gilt für Kamelmilch, die, frisch oder zu Pulver, Käse, Seife, Shampoo und manchem mehr verwertet, in Ländern wie Thailand, Malaysia und Singapur durchaus begehrt ist. Der Absatz für das Fleisch der Plagegeister hingegen ist im In- wie Ausland noch gering.

Die zwei Hauptgründe für die wenig erfolgreiche Vermarktung von Kamelfleisch auf dem Fünften Kontinent: Zum einen verweigern die Autoritäten der Aborigines der Industrie mit ihren mobilen Schlachthöfen vielfach den Zutritt auf ihres Erachtens seit Urzeiten geweihtes Land. Zum anderen haben die hiesigen Konsumenten zwar am Fleisch von Kängurus, Emus und sogar Krokodilen, kaum aber bisher an dem von Kamelen Geschmack gefunden. Der Export von Lebendvieh indes ist gängig – nach Malaysia und Brunei zum Beispiel, nach Saudi-Arabien und in die Emirate, wo das garantiert gesunde Fleisch der in freier Wildbahn aufgewachsenen Dromedare als Delikatesse hoch geschätzt ist.

74 Farbenprächtiger Rummel

Rendezvous in Pushkar und Bikaner

Die nordwestlich von Ajmer im indischen Bundesstaat Rajasthan gelegene Kleinstadt Pushkar gilt Hindus als besonders heilige Stätte, aber auch Kamelfreunden als Pilgerziel. Alljährlich zum Vollmond im Oktober/November reisen Hunderttausende Gläubige von weit an, um Gott Brahma zu huldigen und sich durch ein Bad im örtlichen See reinzuwaschen. Zugleich findet am Westrand des Ortes der vermutlich bis heute größte Kamelmarkt der Welt statt. Er fungiert für die verstreut lebenden Hirtennomaden seit Menschengedenken als sozialer und auch ökonomischer Brennpunkt im Jahreslauf. Kein Wunder, treiben sie ihre Herden in teilweise vieltägigen Trecks herbei.

Wallfahrt und Viehmarkt verschmelzen für eine Woche zu einem sinnenbetörenden Spektakel mit Wahrsagern und Wanderasketen, Musikanten, Schaustellern und Schönheitswettbewerben. Viele Kamele werden bemalt, mit Schmuck behangen und formschön rasiert. Die kunterbunte Kulisse und das Gemisch aus tiefer Religiosität und fröhlicher Feierlaune dürfen freilich nicht darüber hinwegtäuschen, dass *Pushkar Mela* schon bessere Zeiten gesehen hat. Zum einen droht das Fest infolge des Touristenzustroms zum kommerzialisierten Amusement-Markt zu verkommen. Außerdem schrumpfen die Kamelbestände in jüngsten Jahren und mit ihnen die Einkünfte ihrer Züchter dramatisch.

Touristische Geschäfte mit Kamelen macht man übrigens auch weiter nördlich: In Jaisalmer und in Bikaner lädt eine Vielzahl von Veranstaltern zu Ausritten oder mehrtägigen Safaris in die angrenzende Wüste Thar. Ungleich relevanter für die Zukunft sowohl der Tiere als auch des Menschen ist das gleichfalls in Bikaner beheimatete *National Research Center on Camel*: Rund 60 Experten forschen in dieser 1984 von Indiens Regierung ins Leben gerufenen Einrichtung zu einem breiten Themenspektrum, das von der Reproduktion und der Früherkennung von Krankheiten bis zur Nutzung von Kamelmilch reicht.

In dem kleinen Pilgerort Pushkar wird einmal im Jahr der bis heute wahrscheinlich größte Kamelmarkt der Welt abgehalten. Hier versammeln sich die Söhne der Thar-Wüste, um ihre Tiere zu verkaufen, aber auch um Schönheitswettbewerbe und Wettrennen zu veranstalten. Es geht zu wie auf einem Jahrmarkt.

75 Die Hüter der Kamele

Bei den Raika-Nomaden in Rajasthan

Denkt man an die Wüste Thar im Nordwesten Indiens, erstehen vor dem geistigen Auge Bilder von goldgelben Sanddünen und Kamelkolonnen, angeführt von prächtig beturbanten Treibern. Doch das touristische Idyll trügt. Die Region durchlebt auf sozialem wie ökologischem Gebiet einen dramatischen Wandel. Zentral betroffen von ihm sind die Raikas, hinduistische Halbnomaden, die seit vielen Jahrhunderten mit und von Kamelen leben und dabei eine einzigartige Kultur entwickelt haben.

Ihr Entstehungsmythos erklärt, Gott Shiva höchstderoselbst habe, nachdem seine Gattin Parvati aus Lehm das erste Kamel geschaffen hatte, aus Staub und einem Stück Haut seines Armes die Kaste der Raikas geboren und dazu auserkoren, die höckrigen Geschöpfe fortan zu behüten. Diese Aufgabe nehmen die Hirten bis heute ungemein ernst. Ihre Dromedare sind für sie nicht bloß Nutztiere, sondern geradezu Familienmitglieder, mit denen sie ausnehmend vertrauens-, ja liebevoll umgehen. Sie zu schlachten, ihr Fleisch zu essen ist – weltweit einzigartig unter Kamelzüchtern – tabu. Lange wurde zudem weder die Milch getrunken noch die Wolle verarbeitet. Geld brachten die Herden allein durch den Verkauf der jungen Hengste, die den Bauern als Zug- und Lasttiere dienen.

Doch die Lage der stolzen noch etwa 200.000 Hirten ist prekär. Gewohnt, einen Großteil des Jahres mit ihren Schützlingen ungehindert durch die Lande zu ziehen und ihr Auskommen zu haben, kämpfen sie nun zunehmend verzweifelt um ihre Existenz. Und dies, obwohl Rajasthans Regierung das Kamel offiziell zum geschützten »Staatstier« erklärt und sogar einen Entwicklungsplan mit Trainings- und Medicalcamps, Geburtsprämien, verbrieften Weiderechten et cetera erarbeitet hat. Trauriges Fazit: Während die Zahl der Kamele im Rest der Welt jüngst stark wächst, ist sie in Indien rapide geschrumpft, binnen nur 30 Jahren von 1,5 Millionen auf kaum noch 250.000.

Woran die Raikas und ihre Dromedare leiden: rapider Verlust von Weidegründen und Wanderwegen durch Verbannung aus Naturschutzgebieten, Ausdehnung von bewässertem Agrarland, Siedlungen, Industrie, aber auch Wind- und Solarkraftwerken, weiters Wasserknappheit, mangelhaftes Seuchenmanagement, fehlende Vermarktungschancen für Kamelprodukte, Preisverfall für Arbeitstiere durch Mechanisierung der Landwirtschaft …; aus all dem folgen schwindende Einkünfte, fehlende Zukunftsperspektiven und Abwanderung der Jungen auf Arbeitssuche in die Städte.

76 Rajasthan, mon amour

Die Hilfsprojekte der Ilse Köhler-Rollefson

Die symbiotische Gemeinschaft der Hirten und ihrer Herden schlug sie vom ersten Augenblick an in den Bann: Als die deutsche Veterinärmedizinerin Ilse Köhler-Rollefson 1990, von einer US-Uni entsandt, erstmals nach Rajasthan kam, hatte sie Kamele bereits bei langjährigen Grabungsarbeiten als Archäozoologin in Jordanien und hernach während Feldforschungen im Sudan lieben gelernt. Doch endgültig verzauberte sie die Begegnung mit den Raika (siehe Kapitel 75). »Als ich in deren Dörfern erlebte, wie fried- und gemeinschaftlich diese Nomaden mit ihren riesigen Tieren zusammenlebten, wie vertrauensvoll etwa kleine Kinder auf ihnen herumkletterten, war ich sprachlos.« Die Mutter von Zwillingen hatte ihre Berufung gefunden.

Allerdings blieb ihre Arbeit nicht lange auf die einer Tierärztin beschränkt. Angesichts der Bedrohung dieser einzigartigen Kamelkultur durch aus dem Westen importierte Agrarkonzepte von Effizienz und Rentabilität beginnt sie alsbald Lobbyarbeit zu leisten. Setzt sich bei den indischen Behörden für Weiderechte und Marktzugänge ein, fördert – auch mittels in Europa gesammelter Spendengelder – den Aufbau zusätzlicher Wertschöpfungsketten, vor allem durch hygienische Herstellung und professionelle Vermarktung von Kamelmilch; kurz: hilft den Raikas unermüdlich, ihre akut gefährdete Existenzgrundlage zu sichern.

Denn, so beklagt sie: »Es heißt, die Raikas würden altmodisch wirtschaften, diese Art der Tierproduktion sei heute nicht mehr vertretbar. Obwohl sie besonders umwelt- und sozialverträglich und auch aus Tierschutzperspektive viel, viel besser als industrielle Haltung ist.« Längerfristig freilich schöpft sie Hoffnung: »Vorerst werden sich Zahl und Größe der Herden hier weiter verringern, irgendwann aber stabilisieren – spätestens, sobald alles Wasser versiegt ist und sich zeigt, dass es am Schluss keine Alternative zu Kamelen gibt.«

Ilse Köhler-Rollefson spielt eine zentrale Rolle im Rahmen der Liga für Hirtenvölker (www.pastoralpeoples.org) und ist Mitbegründerin der NGO *Lokhit Pashu-Palak Sansthan* (www.lpps.org), die auf regionaler Ebene für die Rettung der Kamele kämpft. Unter deren Ägide betreibt sie in Sadri, nahe Kumbhalgarh (circa 120 Kilometer südlich von Jodhpur), eine Kamelfarm namens *Camel Charisma*. Dort kann man übernachten, mit Hirten campen, Ausflüge in Kamel-Karren unternehmen sowie von Frauen in lokaler Heimarbeit fabrizierte Schals, Mützen, Teppiche aus Kamelwolle, Papierwaren aus Kameldung und vieles mehr kaufen. 2014 veröffentlichte sie das sehr lesenswerte Buch »Camel Karma. 20 Years Among India's Camel Nomads« (www.ilse-koehler-rollefson.com, www.camel-karma.com).

77 Traktor mit 1 KS*

Vielfältiger Einsatz als Zugtier in Stadt und Land

Infolge der vielseitigen Verwendung der Kameliden durch den Menschen haben sich im Laufe der Zeit sehr verschiedene Rassen herausgebildet. Allein die Araber unterscheiden zum Beispiel rund 20 Dromedarrassen, die betreffend Wert und Verwendbarkeit enorme Unterschiede aufweisen. Generell gelten die schlanken, leichten und hochbeinigen Geschöpfe, wie etwa die *Meharis* und die sudanesischen *Bischarins,* als ideale Reittiere. Die gedrungenen und robusteren Formen finden als Last- und Zugtiere Verwendung.

Zum Lastentragen werden Kamele, vorausgesetzt, sie haben starke Muskeln, kräftige Knochen und große, flache Füße, im Alter von etwa fünf Jahren trainiert. Doch schon mit zwei Jahren beginnen sie zu lernen, im Treck zu gehen und ein Seil oder Zaumzeug um den Hals zu haben. Auch legt man schon Jungtieren zur Gewöhnung leere Sättel auf. Voll beladen dürfen sie erst als Erwachsene werden.

Wegen ihres Körperbaus sind Dromedare eher zum Tragen als zum Ziehen von Lasten geeignet. Aufgrund ihrer vergleichsweise schwachen Halswirbelsäule werden ihnen, um den Punkt der Zugkraft niedrig zu setzen, anstatt des etwa bei Ochsen gebräuchlichen Jochs ein Hals- und ein Bauchgurt angelegt. Solcherart »geschirrt«, werden sie bis heute in rückständigen Landstrichen Indiens und Pakistans (und Trampeltiere in China und Südrussland) vor Wagen gespannt.

Sehr vereinzelt sieht man Kamele auch noch mit verbundenen Augen, weil sie ansonsten nicht stundenlang stumpf im Kreis trotten würden, auf Feldern Wasserräder oder in dunklen Gelassen Ölmühlen drehen. Und mitunter überleben sie sogar als Nischenexistenz im urbanen Dschungel. So stößt man etwa in manchen Megacities des Subkontinents wie Neu-Delhi, Jaipur oder Karachi bis heute gar nicht so selten auf Dromedare, die, abgemagert, zwischen Stoßstangen eingezwängt und umnebelt von Auspuffgasen, mit stoischer Ruhe Lasten schleppen oder Karren ziehen.

* KS = Kamelstärke

Als Zugtiere kommen Kamele, insbesondere in Phasen gestiegener Treibstoffkosten, bis heute recht häufig zum Einsatz. Vor Pflüge gespannt werden sie hingegen nur mehr in sehr wenigen Gebieten und vornehmlich von Subsistenzwirtschaft treibenden Bauern und Hirtennomaden: im nordwestlichen Indien zum Beispiel, aber auch auf Kap Bon in Tunesien, in der Gegend von Aden im Südjemen oder an der marokkanischen Atlantikküste um El Jadida.

Im Bild: ein – wohl eher nicht TÜV-geprüftes – Lastengespann irgendwo in Rajasthan.

78 Hochburg am Horn

Bei den Hirtennomaden Ostafrikas

In Äthiopien leben rund eine Million, und nur geringfügig weniger in Kenia, im Sudan sind es knapp drei und in Somalia sogar an die sieben Millionen: Nirgendwo sonst in der Welt ist die Dichte an Dromedaren so hoch wie am Horn von Afrika. Statistisch den globalen Spitzenplatz nimmt mit 1 Vier- auf 2,2 Zweibeiner Somalia ein. Gehalten werden die Kamele in dieser von Trockenheit und Armut geprägten Region bis heute überwiegend von Pastoralisten extensiv, also von nicht sesshaften Hirten großflächig auf Gemeinweideland. Eine Intensivhaltung wäre bei dem harschen Klima, der kargen Vegetation und dem chronischen Kapitalmangel gar nicht möglich.

Da die Herden vielfach den einzigen Besitz der Familien darstellen, gefährdete deren Verlust die Existenzgrundlage. Daher werden Kamele zwecks Diversifizierung, um das Risiko zu reduzieren, gern in Mischherden mit Ziegen, Schafen und, wo möglich, auch Rindern gehalten. Wobei die kleinen Wiederkäuer im Alltag, weil leicht verkäuflich, quasi als Girokonto fungieren. Für frisch verheiratete Halter stellen sie das Startkapital dar. Wertvolle Großtiere erwerben die Hirten in der Regel erst in späteren Jahren – manchmal gegen Geld, aber oft auch durch Tiertausch. Der Wechselkurs beträgt für ein junges Dromedar durchschnittlich ein Dutzend Ziegen oder Schafe.

In feuchteren Gebieten, wo neben der Tierhaltung auch Ackerbau existenzielle Bedeutung hat, setzt man Dromedare hauptsächlich zur Bodenbearbeitung und als Transporttiere ein. Milch wird dort dank der Fülle an Futter von Rindern generiert. In abgelegenen ariden Gegenden indes dienen die Kamele bis heute der Eigenversorgung. Zwei laktierende Stuten, heißt es, geben gerade genug Milch, nämlich zwei bis acht Liter täglich, um eine Kleinfamilie langfristig zu ernähren. Um mindestens zwei solche ständig zur Verfügung zu haben, muss ein Hirte 10 bis 15 Kamele besitzen.

Nomadische Hirtenvölker wie etwa die Somali oder die Gabra in Nordkenia nutzen ihre Dromedare bis heute auch für die Übersiedlung ihres Hausrats und im Alltag zum Wassertransport vom Brunnen zur Wohnstatt. Die Versorgung der Lasttiere obliegt in Ostafrika den Frauen. Alle anderen Arbeiten mit Kamelen, allen voran das Melken, wird von den – bevorzugt jungen – Männern besorgt.

79 Etwa eineinhalb Höcker

Kamelzucht in Zentralasien am Beispiel Kasachstan

Ein- oder zweihöckrig: Aus den meisten Weltgegenden sind Kamelfreunde diese elementare Unterscheidung gewöhnt. In Kasachstan ist die Sache etwas komplizierter. Hier stößt man auf eine verwirrende Vielfalt an Modellen, die Mehrheit von ihnen ausgestattet mit mehr oder minder eineinhalb Höckern – ein keineswegs naturgegebenes Phänomen.

In den Steppenregionen Innerasiens ist die Landwirtschaft seit alters durch extensive Viehhaltung geprägt. Neben der Zucht von Pferden und Karakulschafen war die von Kamelen weit verbreitet. Doch schon in frühen Sowjetzeiten wurde vor allem Letztere zurückgedrängt. Das Gros der Nomadenverbände geriet unter staatlichen Einfluss, wurde Kolchosen eingegliedert. Die meisten Kamele wurden gemäß Kollektivierungsgesetzen konfisziert und dienten fortan, statt wie bislang der Selbstversorgung, der Herstellung der Handelswaren Fleisch, Wolle und Milch. Seit der Unabhängigkeit unterstützt der nun kasachische Staat wieder die private Haltung. Zum einen will er durch Agrarförderung die Wirtschaft diversifizieren. Stark angekurbelt hat die Nachfrage zum anderen die große Popularität von *Shubat*, einem Drink aus vergorener, für ihre probiotischen Eigenschaften geschätzter Kamelmilch. Immerhin hat sich der Bestand im Land seit dem Ende der UdSSR auf rund 200.000 Kamele verdoppelt.

In vorindustrieller Zeit pflegte man vorwiegend Trampeltierstuten mit Dromedarhengsten zu kreuzen. Das Ergebnis, genannt *Nar*, galt über Jahrhunderte als Idealtyp eines leistungsstarken Lasttieres. In den 1980ern lancierten die Sowjets erneut ein Programm zu dessen Zucht. Inzwischen jedoch wird munter kreuz und quer hybridisiert. Kasachische Veterinäre haben kürzlich 32 Mischtypen kategorisiert, knapp zwei Dutzend davon werden kommerziell gezüchtet. Die Ausformung der Rückenpartie mit ein, zwei oder eben eineinhalb Höckern hängt dabei vom Mischverhältnis bei der Hybridisierung ab.

Die Kamelhaltung erfolgt im heutigen Kasachstan erneut ausschließlich extensiv. Üblich ist, dass eine Hirtenfamilie zwei Stutenherden zu je 25 Tieren und einen Hengst betreut. Die Kamele werden ganzjährig weitgehend unkontrolliert im freien Gelände zum Weiden belassen und nur zum Melken sowie im Frühjahr zum Scheren zusammengetrieben.
Im Bild: oben Prachtexemplar eines »langbärtigen« Hybriden in den Vereinigten Arabischen Emiraten; unten: Hybride an der Südostküste des Kaspischen Meeres.

80 Auf Kairos Suq al-Gimal

Zum schnöden Fleischdepot degradiert

Liebe und Leidenschaft für das Kamel erlöschen dort, wo es zur reinen Ware wird – zum Transportvehikel oder Fleischdepot. Ein Ort, der dies drastisch vor Augen führt, ist der *Suq al-Gimal*, der Kamelmarkt von Kairo. Einst im Stadtteil Imbamba gelegen, wurde er vor etwa 20 Jahren schon Richtung Nordwesten hinaus ins Nildelta, in ein Dorf namens Birqash, umgesiedelt. Er ist einer der Größten seiner Art im ganzen Vorderen Orient, eine Stätte des Schreckens und der Herzlosigkeit, deren Exotik gelegentlich auch Touristen anlockt.

Auf diesem lehmigen Geviert werden täglich mehrere hundert Kamele umgesetzt. Es sind größtenteils grindige, abgemagerte, mit Scheuerwunden übersäte Tiere, deren Eigenwille längst durch Peitschenhiebe und Prügel gebrochen ist. Dennoch kommt es gelegentlich vor, dass sich das eine oder andere gegen sein Schicksal aufbäumt und trotz gefesselter Vorderbeine in einem Anfall heilloser Panik über den Platz prescht. Dann halten die Händler aus dem Sudan und ihre ägyptischen Kunden beim Feilschen kurz inne oder springen gar erschrocken zur Seite, und die Gehilfen fangen das Tier laut fluchend und ihre langen Stöcke schwingend wieder ein.

Dass die geschundenen Kreaturen ihre Fassung verlieren, ist kein Wunder: Wenn sie diesen Vorhof ihrer Hölle erreichen, haben sie bereits ein 40-tägiges Martyrium hinter sich. Sie sind aus dem zentralen Sudan auf uralten Pfaden 1.500 Kilometer weit durch die erbarmungslos öde Wüste bis zu dem Dorf Daraw bei Assuan marschiert, wurden dort an Zwischenhändler weiterverkauft und, auf Lastwägen oder Güterwaggons verstaut, in zwölfstündiger Fahrt nach Birqash befördert. Und wozu haben sie all das erduldet? Um von hier, mit einem roten Todesmal auf dem Fell, quer durch die Stadt zum Schlachthof verfrachtet zu werden und schließlich als *schawirma*, eine Art ägyptisches Döner Kebab, oder als fein geschnittenes *bastirma* zu enden.

Weitere berühmte, auch für Touristen besuchenswerte Kamelmärkte befinden sich, abgesehen von Birqash bei Kairo (auf dem auch das Foto entstand), in Asch-Shalatin (ägyptisch-sudanesische Grenze), Buraydah und Riyadh (Saudi-Arabien), Al-Ain (Emirat Abu Dhabi, VAE), Sinaw (Oman), Douz (Südtunesien), Guelmim (200 Kilometer südlich von Agadir, Marokko), Nouakschott (Mauretanien) und natürlich in Pushkar, Rajasthan (siehe Kapitel 74).

81 Zoos, Zirkusse, Zuchthöfe

Kamele im heutigen Mitteleuropa

Es ist nicht lange her, dass man in Mitteleuropa Kameliden fast ausschließlich in Zoos, Tierparks oder Zirkusmanegen begegnen konnte. Erst seit den frühen 1990er Jahren begann sich herumzusprechen, dass ihre Haltung und Zucht, ein solides Wissen um ihre Pflege, Fütterung und Unterbringung vorausgesetzt, auch unter hiesigen Umweltbedingungen gut möglich ist. Seither hat die private Haltung eine rasante Entwicklung erlebt.

Als Geburtshelfer dieses Trends fungierte der Landwirt Wilhelm Breitling aus dem Schwarzwald. Der hatte sich schon seit Mitte der 1970er Jahre intensiv mit Kamelen beschäftigt, 1990 den Kamelverein *Fatamorgana* gegründet und mehrere Tiere importiert. 1997 half er sogar, ein Kamelrennen auf der Galopprennbahn Hoppegarten bei Berlin zu organisieren. Und 2002 eröffnete er den Kamelhof Rotfelden, der bis zu seinem tragischen Ende durch ein Großfeuer (2013) mit fast 100 Tieren und rund 80.000 Besuchern im Jahr die größte Kamelfarm Europas war.

Mittlerweile bieten in Deutschland ein gutes Dutzend Farmen Ausritte und Therapien mit Dromedaren und Trampeltieren an. Ungleich höher noch ist die Zahl der Betriebe, die zwecks Zucht oder Wollproduktion sowie als Therapie- oder Trekkingtiere Lamas oder Alpakas halten. Wie viele Tiere es insgesamt sind, können die einschlägigen Vertreterorganisationen wie der in Brandenburg beheimatete Verein Altweltkamele oder die diversen Zuchtverbände für Neukameliden nur schätzen. Denn viele Privathalter frönen ihrer Leidenschaft im Verborgenen. Zwar verlangen die Behörden für den gewerblichen Einsatz einen Sachkunde-Nachweis, und auch das Veterinäramt kommt zur Inspektion. Doch um ein Kamel als Haustier zu halten, braucht es weder eine Erlaubnis noch Prüfung. Und auch nicht allzu viel Geld: Die Preisspanne für ein Altweltkamel reicht von etwa 3.000 bis 5.000 Euro, jene für Alpakas und Lamas liegt im Schnitt noch etwas darunter.

Seit 2003 veranstaltet das Erlebniszentrum Kernhof unweit von Mariazell, eine gute Autostunde südwestlich von Wien, ein weltweit einzigartiges Kameltheater. Acht Trampeltiere bestreiten, mittels Hör- und Handzeichen ausgebildet und unterstützt von mechanischen Showfiguren, die rund 50-minütigen Aufführungen. Zu ihren Maulbewegungen werden Stimmen zweibeiniger Schauspieler eingespielt (im Bild unten; www.weisserzoo.at).
Im Bild oben: Das Ölgemälde stammt vom Flohmarkt der Amateurmaler in der georgischen Hauptstadt Tiflis.

82 Kamelrennen

Vom Zeitvertreib zum Hochleistungssport

Vor der Entdeckung des Erdöls und in der Folge der Verbreitung des Automobils bildeten Kamele für Beduinen den Mittelpunkt der Welt. Nur dank dieser Vierbeiner konnten sie, ob als Händler oder Krieger mobil, unter den harschen Bedingungen der Wüsten überhaupt überleben. Um die Monotonie des Alltags zu unterbrechen, organisierten schon die Beduinen der Vormoderne gelegentlich, zu feierlichen Anlässen wie Hochzeiten zum Beispiel, Laufkonkurrenzen. Sie waren ein spielerisches Kräftemessen, bei dem es ausschließlich um die eigene Mannesehre oder die höhere Ehre Gottes ging. Der Sieger erhielt nicht, wie heute, sündteure Trophäen, sondern bestenfalls ein symbolisches Stück Stoff.

Inzwischen sind die Rennen das Einzige, was von der Bedeutung der Kamele für das tägliche Leben der Bewohner der südlichen Golfstaaten geblieben ist; umso ernsthafter werden sie betrieben. Zwar lässt man gelegentlich auch in Australien, Pakistan, der Mongolei, am Horn und im Norden Afrikas Höckertiere um die Wette laufen. Doch finden diese Rennen bloß gelegentlich statt und sind eher mangelhaft organisiert. Einen wirklich professionellen Rennbetrieb gibt es nur in den arabischen Golfstaaten – bei den Kuwaitis und Kataris, Omanis, Saudis und Emiratis. Für die großen, prestigeträchtigen und hochdotierten Konkurrenzen hat man längst aufwendige Bahnen gebaut. In den Emiraten gibt es derer um die 20. Einen Brennpunkt für diesen Nationalsport, der hier schon der Stammesführer liebstes Steckenpferd war, bevor die Briten 1971 ihre Scheichtümer zur Föderation vereint in die Unabhängigkeit entließen, bildet die Unionshauptstadt Abu Dhabi. Sie ist jeden April, zum Schluss der sechsmonatigen Saison, Schauplatz der finalen Wettkämpfe und veranstaltet jeweils im Dezember den international prestigeträchtigsten Kamel-Schönheitswettbewerb (siehe Kapitel 98). Doch das Mekka dieses Sports in seiner Hightech-Version markiert unangefochten Dubai.

Eine Phantasieszene aus der Frühzeit des Rennsports, als die Beduinen – hier vor der Kulisse der Pyramiden von Gizeh – ihre geliebten Vierbeiner noch sehr improvisiert um die Wette über den Wüstensand jagten.

83 Al Marmoum Racing City

Im Mekka des Hightech-Rennsports

Wer von Dubai Downtown dem Al-Ain-Highway in Richtung südöstlicher Peripherie folgt, kann der Golfmetropole förmlich beim Wachsen zuschauen. Neben Shoppingmalls und Themenparks, schicken Villensiedlungen und Hochhausnestern wurden hier auch futuristische Sporteinrichtungen in die vor Kurzem noch leere Wüste gebaut – unter anderem ein Rugbystadion, eine Highspeed-Fluganlage für Falken, dazu Rennbahnen für Pferde und Windhunde und: Al Marmoum, das Herz des internationalen Kamelrennsports.

Die 30 Kilometer vom Stadtzentrum entfernte Anlage besitzt im Vergleich zu anderen Rennzentren eine Vielzahl von Alleinstellungsmerkmalen: Keine andere verfügt über eine längere Laufstrecke – das Spektrum möglicher Distanzen reicht von 3 und 6 bis zu 11, ja sogar 15 Kilometer; keine andere, um enge Ankünfte entscheiden zu können, über ein Kamerasystem an der Ziellinie. Und nirgendwo sonst ermöglicht Flutlicht permanenten Trainingsbetrieb. Selbst die Qualität des Sandes, der die Rennbahn bedeckt, ist exzeptionell. Schon von Natur aus extrem feinkörnig, wird er täglich nach äußerst aufwendigen Methoden geeggt, bewässert und dadurch so gefestigt, dass die Hornschwielen der Tiere kaum einsinken und kein Steinchen sie verletzt.

Eröffnet wurde Al Marmoum 2010 als Ersatz für die stadtnähere Vorgängereinrichtung von Nad Al Sheba. Mittlerweile umfasst die Anlage zusätzlich eine Arena für Versteigerungen, ein Media Center samt Restaurant, eine Futtermühle sowie ein hypermodernes Kamelhospital (siehe Kapitel 96) und, damit es bei Rennen rundum garantiert mit rechten Dingen zugeht, ein forensisches Labor. Insgesamt 150 Arbeiter halten die aufwendige Infrastruktur rund um die Uhr in Schuss. Das zwölf Quadratkilometer große Gelände ist flächendeckend durch WiFi vernetzt und mitsamt seinen zwei überdachten Zuschauertribünen – so beneidenswert entspannt können Sicherheitsbehörden hierzulande agieren – tagaus, tagein für jedermann frei zugänglich.

Adresse und Kontakt: Dubai Camel Racing Club (DCRC), P.O. Box 126767, Dubai, UAE; Dubai–Al-Ain-Highway, Al Marmoum, Tel. +971/48326526, info@dcrc.ae. Auf der Homepage www.dubaicrc.ae finden sich detaillierte Informationen zur Geschichte des Racing Club in Al Marmoum, zu seiner gegenwärtigen Infrastruktur und zum jeweils Anfang April abgehaltenen Heritage Festival sowie, stets aktualisiert, der Rennkalender mit exakten Beginnzeiten, Distanzen et cetera.

84 Schrittweise zum Sieg

Wie Trainer ihre Schützlinge auf Rekorde trimmen

Die Programme zur Ausbildung von Rennkamelen variieren je nach Region und Milieu. In den Golfstaaten – und für diese gilt die folgende Übersicht – beginnt das Training im Alter von 13 bis 16 Monaten, wenn ein erfolgversprechendes Fohlen von seiner Mutter getrennt und im Gegenzug per Seil mit einem älteren Artgenossen verbunden wird. Letzterer agiert in den ersten zwei, drei Monaten für den Neuling als Gefährte und Leittier. In dieser Anfangsphase muss sich der Novize daran gewöhnen, einen Sattel sowie *al khidham* zu tragen, jenes spezielle, um den Kopf gebundene Seil, mit dessen Hilfe der Reiter seine Bewegungen kontrolliert. Und schon in dieser Phase wird er zum Laufen auf den Racetrack genommen, damit er sich damit anfreundet, ein menschliches Wesen auf seinem Rücken sitzen zu spüren.

Das Training beginnt für sämtliche Altersstufen im Juli/August. Am frühen Morgen haben sie einen etwa 20 Kilometer langen Wüstenmarsch zu absolvieren. Doch vor dem Mittag, der größten Hitze, sind sie zurück im Camp, werden getränkt, gefüttert, halten im Schatten Rast. Ab Anfang Oktober wird die Distanz, zwecks Fettabbau und Förderung der Fitness, auf 40 Kilometer verdoppelt. Die Kamele bekommen nun auch unterwegs zu fressen.

Die eigentliche Wettkampfvorbereitung startet Anfang November und findet vorwiegend auf der Rennstrecke statt. Um die Verletzungsgefahr zu minimieren, wird in Pulks von maximal zehn Tieren trainiert. Die Distanzen legt der Trainer individuell fest. Um den erhöhten Energieverbrauch zu kompensieren, wird die Diät nun auf deutlich nahrhaftere Kost wie Gerste, Datteln, Kuhmilch und Honig umgestellt. Etwa zwei Monate vor Renntermin wird außerdem für die erfolgversprechendsten Kandidaten die veterinärmedizinische Betreuung intensiviert; soll heißen: Sie werden in hoher Frequenz regelmäßig examiniert und umso sorgsamer vor Schmutz, Ungeziefer, Wind und Kälte geschützt.

Am vorletzten vor dem großen Tag bekommt das Renntier seinen Magen purgiert und im Anschluss schützende Decken aufgelegt. Hernach wäscht man es mit einem sanften Shampoo, tränkt es, verabreicht ihm eine leichte Mahlzeit und deckt es erneut zu. Über die Nacht legt man ihm aus hygienischen Gründen und auch, um weitere Nahrungsaufnahme, aber auch Koprophagie, das Fressen von Kot, zu verhindern, einen Maulkorb, eine grob gestrickte ergo atmungsaktive Art Wollmaske, an. Den letzten Tag vor dem Rennen verbringt das Kamel weitgehend inaktiv, das heißt rastend und fastend.

85_Der optimale Höckerbolide

Qualitätskriterien und Rassenvielfalt

Mit den wackeren, anspruchslosen und fast grenzenlos belastbaren Wüstenschiffen von einst haben heutige Rennkamele nur mehr wenig gemein. Die Tiere wurden über Generationen hoch- und kreuzgezüchtet und schließlich in vierbeinige Boliden von der fast zweidimensionalen Schmalheit eines Windhunds verwandelt – hypersensibel und in ihrer Rolle als oft mehrere Millionen Dollar teure Champions ziemlich kapriziös.

Nach den physiognomischen Grundvoraussetzungen für Erfolg auf der Rennbahn befragt, nennen Kenner zuvorderst einen schlanken, aerodynamischen Körper mit langen Beinen und starken Knochen. Die Füße sollten klein genug sein, um Agilität zu gewährleisten, zugleich groß genug, um das Gewicht zu stützen und auszugleichen. Die vorderen sollten möglichst gerade sein, die hinteren hingegen, an ungleich gebogenen Zehennägeln erkennbar, etwas nach außen gedreht. Auch für die Beine gilt Geradlinigkeit als oberstes Gebot, für die Schenkel eine stramme, stark entwickelte Muskulatur. Ein weiter Abstand zwischen Vorderbeinen und Brustschwiele spricht für ein großes Atemvolumen.

Rennkamele werden der Fairness und auch leichteren Organisierbarkeit halber auf der Arabischen Halbinsel entsprechend ihren physischen Hauptcharakteristika in folgende Kategorien unterteilt: *Al mahaliyat* – die einheimische Rasse mit bräunlichem Fell; *Al sudaniyat* – das deutlich hellere, größere und schnellere Renndromedar aus dem Sudan; weiters *Al omaniyat* und schließlich die superschnellen Hybride *Al muhajanat*. Am Horn von Afrika und in den angrenzenden Regionen sieht man hauptsächlich die leichten, schlanken und lebhaften *Turkana* aus dem Norden Kenias am Start. Bei regionalen Rennen gern eingesetzt werden die mittelgroßen und -schweren *Rendille*, während von den gedrungenen, starkknochigen, mit bis zu 550 Kilogramm Gewicht vergleichsweise langsamen *Somali* nur zierliche Exemplare zum Einsatz kommen.

An Renntagen ist die Anspannung bei Mensch und Tier deutlich zu spüren. Doch selbst dann – und beim Trainingsalltag auf den Farmen sowieso – herrscht nach außen hin demonstrative Gelassenheit. Alles andere würde nicht nur gegen die Etikette verstoßen, sondern auch das Vertrauen der Tiere in ihre Betreuer dauerhaft untergraben. Selbst wenn manche einmal nervös bocken, murren, am Halteseil zerren, sind Schläge und Geschrei, ist Stress absolut verpönt. Höchstens diszipliniert man sie mit einem kurzen Ordnungsruf, einem Ruck am Zügel, begleitet von liebevoll aufmunterndem Tätscheln.

86_Robot Jockeys

Bohrmaschinen mit Peitschen

Neuankömmlinge runzeln bei ihrem Anblick verständlicherweise erst mal die Stirn. Die futuristischen Miniaturmännchen, die Kamele da an der Rennstrecke auf den Höcker geschnallt tragen, schauen ja in ihrem pseudorealistischen technoiden Outfit auch wirklich ziemlich grotesk aus der Wäsche. Erst wenn man ihre Geschichte kennt, versteht man, was es mit ihnen auf sich hat.

Seit den Anfängen der professionalisierten Kamelrennindustrie, die sich parallel zur Erdölbonanza in den 1960ern/70ern entwickelte, hatte man in den Golfstaaten wegen ihres geringen Gewichts bevorzugt Kinder als Jockeys eingesetzt. Zu Abertausenden wurden sie aus Ländern wie Afghanistan, Bangladesch, Iran, Pakistan oder Sudan eingeschmuggelt. Die in der Region in Summe geschätzt 40.000 Kinderjockeys lebten in Camps nahe den Rennbahnen, zogen sich bei Stürzen von den Tieren oft schwere Verletzungen zu. Und nicht wenige wurden Opfer von Missbrauch. Um die Jahrtausendwende begannen Menschenrechtsorganisationen aus Übersee, den Einsatz der Kleinen anzuprangern. Viele wurden in ihre Heimat rückgeführt. Doch dort stellte sich heraus, dass nicht wenige Eltern die Knaben einst in Aussicht auf ein besseres Leben den Arabern bewusst überantwortet oder schlicht gegen Geld verkauft hatten und dies am liebsten gleich wieder getan hätten. Für solche »Verstoßenen« baute man am Golf – offenbar drückte das Gewissen – Waisenhäuser und sorgte für ihre Ausbildung. 2002 schließlich bannten die Emirate, 2005 Katar und wenig später auch die übrigen Regierungen den Einsatz der minderjährigen Leichtgewichte.

Ersatz schufen findige Techniker in Form von Robotjockeys (siehe Seite gegenüber). Damit die kuriose Konstruktion aus der Distanz wenigstens halbwegs lebensecht wirkt, ist sie mit einem bunten Dress samt Kappe, deren unterschiedliche Farben die Zugehörigkeit zum jeweiligen Rennstall signalisieren, verkleidet.

Robot Jockeys bestehen aus in metallene Rahmen montierten Handbohrmaschinen, an deren Spindel mittels Spannfutter Peitschen fixiert sind. Betrieben werden sie per Walkie-Talkie, durch das der Betreuer seinem Kamel Rufkommandos übermitteln und – wohldosiert – Peitschenschläge verabreichen kann. Am gefragtesten sind ihrer Leistungskraft und Verlässlichkeit wegen Geräte der Firmen Walter und Hilti. Sie kosten, Fernsteuerung inklusive, 200 bis 500 Euro, in etwa noch einmal so viel die zugehörigen Sets aus FM-Sender und Empfänger.

87_Alle schön der Reihe nach

Rennablauf und -organisation

Kamelrennen finden in der Golfregion klimabedingt zwischen etwa Mitte Oktober und Anfang April statt. Wann immer dann der internationale Rennzirkus in einer der Metropolen Station macht, sei es in Doha, Bahrain, Muscat, Riad, Abu Dhabi oder Dubai, herrscht dort ungeheurer Trubel. Bei den prestigeträchtigen Anlässen geben sich hohe Würdenträger, ja allerhöchste Hoheiten, jeweils mit gewaltigem Gefolge an Mensch und Tier, ein Stelldichein. Zum Grande Finale in Dubai zum Beispiel bringen allein die Qataris über 1.000 Tiere. Früher kamen die vierbeinigen Teilnehmer aus den Nachbarländern in tagelangen Märschen durch die Wüste zu Fuß. Heute rollen sie in Lkws an. Und die hochedlen Höckerboliden der Herrscherfamilien reisen direttissimo in eigens umgebauten Cargo-Flugzeugen an.

Am Beginn eines Renntages steht die Registrierung aller vierbeinigen Teilnehmer nach Rasse und Alter. Die erfahrenen Kontrolleure der *Racing Association* als Aufsichtsbehörde können am Gebiss eindeutig feststellen, wie viele Jahre ein Tier am Buckel hat. Schon am frühen Morgen startet die Rennserie für unterklassige Tiere von Beduinenstämmen. Ab dem späten Mittag treten in etlichen Läufen die Besten der Besten gegeneinander an, darunter viele Schützlinge aus den Ställen der Herrscherhäuser. Zunächst sind die Tiere rein arabischer Herkunft an der Reihe. Den Programmhöhepunkt markieren die Hybride. Da diese, auf absolute Spitzenleistungen getrimmt, konventionellen Konkurrenten hoffnungslos überlegen wären, bilden sie eine eigenständige Wettbewerbsklasse. Entsprechend hoch sind die Erwartungen und die Erregung der Gemüter aller Beteiligten – Stallbetreiber, Trainer und Zuschauer. Und entsprechend wertvoll die Preise für die Gewinner: Aberhunderte von der Regierung und Sponsoren gestiftete Luxus-SUVs, die, hinter der Zielgerade in langen Reihen geparkt, auf die Trainer der Siegertiere warten.

Kamele sind bisweilen unberechenbar. Oft mussten Trainer mitansehen, dass ihr Schützling gleich nach dem Start im rechten Winkel ins Out abbog oder gar umdrehte und in die Gegenrichtung lief. In Dubai erzählt man sich noch heute mit Schaudern, wie ein in Führung liegendes, hochdotiertes Tier 50 Meter vor dem Ziel plötzlich stoppte und an einer Hecke am Rand der Rennbahn Blätter zu zupfen begann. Zu einiger Berühmtheit brachte es auch jenes Exemplar, das sich, im Endspurt von einem Rivalen überholt, beleidigt niederließ und jeden weiteren Schritt verweigerte.

88_Schaum vor dem Mund

Lokalaugenschein beim Zieleinlauf

Wie heftig das Feuer der Leidenschaft für den Rennsport in allen Besitzern und Trainern lodert, offenbart sich am eindrücklichsten, wenn sie ihre Schützlinge vom Begleitfahrzeug aus antreiben. Den Adrenalinschub lässt sich keiner entgehen.

Anfangs ist man noch einigermaßen sittsam nebeneinanderher gefahren. Bald jedoch kämpfen die Fahrer innerhalb des Pulks um Positionen. Stoßstange an Stoßstange, mit aufgeblendeten Scheinwerfern wird hemmungslos überholt, geschnitten, abgedrängt. Auch die Kamele schenken einander nichts. Nach einem Anfangssprint mit fast 45 Kilometern pro Stunde haben sie inzwischen einen Gang heruntergeschaltet. Keuchend, mit Schaumflocken vor dem Maul bahnen sie sich ihren Weg. Dabei ringen sie verbissen um die Führung. Eine beliebte Taktik, bekennen routinierte Betreuer, bestehe darin, die gegnerischen Favoriten durch Scheinangriffe zu ermüden. Auf dass der Siegerkandidat des eigenen Teams am Ende frisch und munter an ihnen vorbeizieht. Der Gebrauch der Peitsche erfordere ebenfalls viel Erfahrung: Nur Anfänger würden über die gesamte Distanz drauflosdreschen. Kluge hingegen beschränkten den Einsatz auf das Finish.

Am Ende kochen die Emotionen unweigerlich hoch. Ein Hupkonzert setzt ein. Die meisten Autoinsassen lehnen sich weit aus den offenen Fenstern, klatschen, winken, schwingen Tücher, schreien in ihre Funkgeräte. Peitschen schnalzen, Fäuste trommeln auf Karosserien. Völlige Ekstase. Dazu plärrt aus 100 Radios sich überschlagend die Stimme des Kommentators aus dem Zielraum. Die Kamele fliegen jetzt förmlich über den Sand, biegen schweißgebadet, schlabbernd, mit gestreckten Hälsen in die Zielgerade. Noch 300, 200, 100 Meter … Das Publikum auf der Tribüne ist aufgesprungen, klatscht, reißt die Arme hoch, ist völlig aus dem Häuschen. Selbst der Nachzügler, der eine Minute nach dem Hauptfeld gemächlich eintrabt, erntet noch schrillen Jubel.

Viele Kameras sind entlang der Strecke fix auf den Flutlichtmasten installiert. Andere werden auf die Dächer oder Pick-up-Flächen der Übertragungswägen von TV-Sendern montiert. Und neuerdings liefern Drohnen zusätzlich gestochen scharfe Luftbilder … All dies, um das Renngeschehen in Echtzeit sowohl auf den riesenformatigen Videoschirmen im Zieleinlauf als auch den Fans auf den Fernsehschirmen daheim zu zeigen.

89_Stolz und Loyalität

Die soziale Funktion des Rennspektakels

Der Boom, den der Kamelrennsport in den letzten Jahren in den Golfstaaten erlebt, wurde von den Regierungen massiv gefördert. Ein besonders wirkmächtiger Gönner war bis zu seinem Tod (2004) Scheich Zayed bin Sultan Al Nahyan, seines Zeichens Herrscher von Abu Dhabi, erster und jahrzehntelanger Präsident der Emirate und erdölbedingt einer der reichsten Männer der Welt.

Im Fall von Dubai war es die Herrscherfamilie Maktoum, die sowohl die komplette Infrastruktur als auch jene *Camel Racing Association* schuf, die Niveau und Ansehen des Sports entscheidend steigerte. Als Chefpromoter und Schutzpatron agiert hier heute Scheich Hamdan. Als Sohn und Erbprinz von Scheich Mohammed, dem Ruler, kauft er nicht nur viele Siegertiere zu hohen Preisen auf (die beiden besitzen gemeinsam etliche tausend Tiere), wodurch regelmäßig Millionen von Petrodollars in die Gesellschaft zurückgepumpt werden. Er beschert durch seine rege Fördertätigkeit Abertausenden Landsleuten – und Gastarbeitern vom Subkontinent – einen Brotberuf. Und er verleiht ihnen zusätzlich Stolz und Würde. Denn durch seine häufige Anwesenheit bei den Rennen signalisiert er Interesse und zugleich den Segen von allerhöchster Stelle.

Was er damit noch bewirkt, ist die Stärkung der Bande zwischen Herrscherfamilie und Volk, des sozialen Zusammenhalts und letztlich der nationalen Identität. Denn in einer so streng hierarchisch organisierten Stammesgesellschaft gibt das Oberhaupt, indem es als weitherziger Hüter zentraler Traditionen auftritt, seinen Untertanen seelischen Halt und bekommt dafür unverbrüchliche Loyalität zurück – und dies in einer Zeit, da alte Werte und Gewohnheiten im Strudel der Modernisierung zu verschwinden drohen. Außerdem ist für Beduinen die Aussicht, vom Scheich, also dem Stammeschef, öffentlich gelobt und belohnt zu werden, ein steter Ansporn. Kein Wunder, gehört es zum guten Ton, sein Siegerkamel symbolhaft den Herrschern als Geschenk darzubieten.

Gebannt verfolgen die Betreiber einer Trainingsfarm ein auf *Dubai Racing* live übertragenes Rennen. Die heißen Mittagsstunden verbringt man, auf Teppichen schmausend oder schier endlosen Sofas rastend, im heruntergekühlten Wohnsalon. Dessen Wände sind tapeziert mit Fotos, auf denen der Hausherr stolz mit diversen Gewinnerkamelen posiert. Stets mit im Bild: die Zusatzpreise – fabrikneue Luxuswägen, auch kostbare Krummdolche und historische Gewehre. Außerdem finden sich jeweils am Rand die Siegerzeiten eingeblendet: 2:09 Minuten für einen Kilometer, 4:37 für drei und, der familieninterne Alltime-Rekord, 12:57 für acht … Es ist eine Chronik der persönlichen Triumphe.

90 Ehre und Preise

Das Lukrative am Rennbusiness

Arabiens kamelbegeisterte Herrscherhäuser unterstützen den traditionsreichen Nationalsport in ihren jeweiligen Ländern vielfach nicht nur ideell, sondern auch pekuniär. Sie erweitern und unterhalten die zeitgemäße Infrastruktur – Renn- und Trainingsbahnen, Kamelspitäler, Forschungslabors. Sie stellen Kamelbesitzern den Grund und Boden und oft auch die Basisinfrastruktur, Strom, Wasser et cetera, kostenfrei zur Verfügung. Sie schicken scharenweise Talente-Scouts aus, welche die Region unaufhörlich nach lohnendem Tiernachwuchs absuchen. Mancherorts betreiben sie sogar spezielle TV-Sender, am Creek gleich zwei, nämlich *Dubai Racing* und *Dubai Sport*, die – Ersterer zur Saison 24 Stunden nonstop – aus der gesamten Region Rennen übertragen, Interviews sowie alle nur erdenklichen Hintergrundberichte liefern.

Im Rahmen des *King Abdulaziz Camel Festival*, einem alljährlich von Saudi Arabiens Herrscherhaus veranstalteten Mega-Event, werden jeweils Preisgelder in Höhe von mehr als 60 Millionen US-Dollar ausgeschüttet. An den Finaltagen gegen Saisonende im Spätwinter streift in Dubai der Gewinner jedes Einzelrennens, und davon gibt es Dutzende, etliche hunderttausend Euro ein. Außerdem säumen dort dann Hunderte fabrikneue Luxuswägen die Zielgerade, denn es ist üblich, jedem Trainer eines Siegerkamels als charmanten Zustupf neben dem obligaten güldenen Krummdolch einen SUV oder eine Sportlimousine zu überreichen. Im »Windschatten« solcher Usancen hat jüngst das Preisniveau an Schauplätzen wie Doha oder Abu Dhabi rapide nachgezogen.

Unter solchen Umständen verwundert es nicht, dass auch der Marktwert einzelner Siegertiere längst durch sämtliche Decken schießt. Vierbeinige Top-Boliden kosten nicht selten über zwei Millionen Euro, und kommen damit schon jenen Preisen recht nahe, die Pferdenarren für Sieger in spe beim Dubai World Cup im örtlichen Hippodrome Meydan berappen.

Enthusiasmus und Stolz stehen diesem Knirps unübersehbar ins Gesicht geschrieben. Als Sohn des Besitzers eines Gewinnerkamels darf auch er während der Siegerehrung eines Hauptrennens auf dem Racetrack von Al Marmoum vor der Kamera die Trophäe halten.

91 Mit Tricks zum Triumph

Reizthema Doping

Beduinen sind, wenn es um Ehre und Geld geht, in ihrem Siegeswillen kaum zu bremsen. In alten Zeiten ließ man sie vor jedem Start vor einem Komitee mit dem Koran in der Hand auf ihre Redlichkeit schwören – freilich mit sehr beschränktem Erfolg. Der einschlägigen kuriosen bis kriminellen Geschichten gibt es unzählige. Dabei ist etwa das zwecks aufputschender Wirkung literweise Verabreichen von Tee oder Kaffee in die Kategorie rührender Unbeholfenheit zu reihen. Nett – und durchaus legal – ist die bis heute praktizierte Angewohnheit, auf die Unterbeine Henna aufzutragen, das den Tieren in der Hitze des Renngeschehens ein Gefühl der erleichternden Kühle suggeriert. Ungleich schlimmer und deshalb strengstens verboten ist hingegen der Trick, die Tiere durch Schnittwunden an den Hinterläufen (die ertappte Besitzer hinterher gern als Folge eines »Unfalls« abtaten) oder gar mittels Elektroschocks aus eingepflanzten Chips anzustacheln. Vereinzelt scheuten sich ruchlose Missetäter in der Vergangenheit auch nicht, Männchen, die ihr Brunftsack beim Atmen behinderte, diesen kurzerhand abzuschneiden. Solch krasse Vergehen werden inzwischen freilich mittels rigoroser Kontrollen vorab verhindert.

Unterbunden werden neuerdings auch unlautere Kreuzungen, durch die man heimlich überlegene Hybride erschafft – und zwar durch Vaterschaftstests, am Hals implantierte Chips sowie den Zwang zur Vorlage genealogischer Zertifikate. Und erfolgreich eingedämmt hat die Regierung auch das unerlaubte Spritzen von Proteinen und Hormonen. Es zeigt offenbar Wirkung, dass die *Racing Association* zwei, drei Tage vor einem Bewerb alle Teilnehmer medizinisch überprüfen und unmittelbar nach dem Zieleinlauf die drei schnellsten mit Blaulicht zur Blut- und Urinprobe eskortieren lässt. Nur das Doping mit körpereigenem Blut, durch das die Zahl roter Blutkörperchen fast verdoppelt, also ungleich mehr Sauerstoff gebunden wird, ist immer noch schwierig nachzuweisen.

Nach erfolgter Dopingprobe bekommen die Siegertiere wichtiger Rennen, ein negatives Ergebnis natürlich vorausgesetzt, unmittelbar neben dem Labor im Freien als zusätzliche Ehrbezeugung Kopf und Hals mit einer Art Pomade aus kostbarem Safran eingerieben. Das kleine, heitere Ritual heißt auf Arabisch *takadib bralzaeafaran.*

92 Rundum-Service 24/7

Zu Besuch auf den Traininigsfarmen von Al Lisaili

Das Gebiet südlich von Dubais Rennbahn heißt Al Lisaili und wird schon seit Generationen einschlägig genutzt. Emiratische Staatsbürger, die hier Kamele züchten wollen, bekommen von der Regierung einen Plot Land geschenkt sowie Strom und Wasser gratis zugeleitet. Die Zahl solcher Farmen (arabisch *Ezba*) beträgt mittlerweile über 3.000. Auf ihnen dürften um die 15.000 Dromedare gehalten werden. Der Emir von Katar hat sich in Al Lisaili einen veritablen Palast gebaut, in dem die Mitglieder seines Clans logieren, wenn der Rennzirkus in Dubai Station macht. Auch von der hiesigen Herrscherfamilie Al Maktoum erzählt man, sie unterhalte hier draußen ein prächtiges Anwesen, um an Renntagen gleich vor Ort mit hohen Gästen Siege feiern zu können.

Das Gros der Ezbas jedoch ist, versteht sich, bescheidener, aber allemal sehr funktionell und komfortabel. Beispielhaft sei hier das Anwesen der prominenten Trainerfamilie Alghfeli beschrieben: Auf der von einer blickdichten Mauer eingefassten Parzelle haben gut zwei Dutzend Kamele und 14 Gastarbeiter vom Subkontinent ihr temporäres Zuhause. An der Einfahrt parken mehrere PS-starke SUVs. Rechts ein Bungalow, links die Personalunterkunft, vis-à-vis unter Wellblech stapelweise frische Luzerne. Dahinter reihen sich das Gehege der Leithengste, der Futterplatz, schließlich eine weite Sandfläche und am Ende, durch Tore verschließbar, mit Kontrollkameras und elektrischen Insektenfallen bestückt, der Schlafbereich der Renntiere. Im Zentrum des Compound steht ein klimatisiertes, mit Matratzen und Polstern ausgelegtes Glaskabäuschen. Darin pflegen die Herren des Hauses, die, obwohl verheiratet, fast das ganze Jahr auf der Farm zubringen, aber auch ihre häufig auf Besuch weilenden Brüder und Freunde, Siesta zu halten. Frauen sucht man, wie überhaupt in Al Lisaili, vergeblich. Sie leben lieber in der Stadtvilla im Verband der Großfamilie. Der Kamelrennsport ist auch hinter den Kulissen reine Männersache.

Lauftraining wird stets am kühleren Tagesrand, oft auch mitten in der Nacht abgehalten. Die Bedeutung des Kamelrennsports im Sozialgefüge der emiratischen Gesellschaft und damit auch der dafür betriebene Aufwand können gar nicht überschätzt werden. Erstere ist jedenfalls noch viel, viel höher als die des Fußballsports für die Deutschen.

93 Verwöhnung mit Kalkül

Pflege und Diät für die Champions der Zukunft

Rennkamele genießen auf den Trainingsfarmen das ganze Jahr über einen Rundum-Service, von dem ihre draußen in der rauen Alltagswelt als Nutztiere gehaltenen Artgenossen nur träumen können. Der Komfort beginnt beim Umfang des Betreuerpersonals: Da gibt es Männer zur Reinigung, andere zur Fütterung der Tiere, wieder andere, die sie bei Übungsmärschen am Halfter führen und beim Renntraining auf den Leittieren reiten. Ein eigener Elektrik-Spezialist wartet Robot Jockeys und Fernbedienungen, lädt die Batterien und schnallt das Gerät auf die Höcker. Auf Expertenebene speisen Diätetiker, Veterinärs und Cheftrainer ihr Spezialwissen ein.

Zum täglichen Pflegeprogramm gehören das ausführliche Bürsten mit Kordkämmen und das Duschen per Wasserschlauch mit anschließendem Schrubben, Shampoonieren und Desinfizieren. Außerdem werden die Schützlinge regelmäßig nach Zecken abgesucht, bekommen das Fell geschoren sowie alle zwei, drei Monate Pediküre, sprich: mittels Beißzange die Fußnägel gekürzt. Und zweimal im Jahr gibt's einen Termin beim Tierdentisten. Der schneidet unter Vollnarkose die Zähne. Denn bleiben die ungekürzt, verletzten sie die Oberlippe, was fast unweigerlich zu Entzündungen führt und letztlich dazu, dass das Tier nichts mehr frisst und verhungert.

Apropos Ernährung: Die basiert auf Getreide wie Gerste, Hafer und Weizenstroh plus Grünzeug, bevorzugt frischer Luzerne, und diversen Ergänzungsnährstoffen. In der Rennsaison bekommen die Tiere zur zusätzlichen Stärkung gern Milch, Honig, Eier und Ghee, Butterschmalz, verfüttert. Die genaue Rezeptur, das Feintuning der Zutaten und ihre Dosierung, wird dabei individuell auf jedes Exemplar maßgeschneidert und von Trainern jeweils wie ein Staatsgeheimnis gehütet. Denn erst die exakte Balance aus Fasern, Proteinen, Vitaminen und Mineralen, der ideale Energielevel und Säuregehalt in den Vormägen machen den Sieg.

Nach dem letzten Lauftraining des Tages heißt es: einmal Shampoonieren, bitte! Bei Einbruch der Dämmerung bekommen die hochgezüchteten und daher zartbesaiteten Tiere zum Schutz gegen die Abendkühle Decken über die Höcker gebreitet. Zur Nachtruhe werden sie in einem eigens umzäunten und videoüberwachten, mit Einzelkojen und elektrischen Insektenkillern ausgestatteten Sandgeviert gebettet.

94_Decke, Sattel, Funkgerät

Auf dem Basar für Renn-Zubehör

Auserwählte Renntiere, die das Glück haben, unter der Obhut superreicher Herrscherfamilien zu stehen, genießen ein Luxusdasein wie im siebten Kamelhimmel mit vollklimatisierten Stallungen, Swimmingpools, Trainingslaufbändern, medizinischer Rundumüberwachung und einem deliziösen Menüplan. Doch auch alle anderen Züchter und Trainer ziehen regelmäßig Experten, darunter Veterinäre, Ernährungsphysiologen und Mikrobiologen, zurate, wenn es darum geht, künftige Sieger heranzubilden. Sie scheuen keinen Aufwand, keine Kosten, um die Leistungskraft ihrer Schützlinge zu optimieren und ihnen das Dasein abzupolstern.

Ein Augenöffner ist diesbezüglich der einschlägige Basar, den die Municipality nur wenige Fahrminuten von Al Marmoum an der Hauptstraße eigens für die Kamelhalter-Community eingerichtet hat. In seinen Läden finden sich alle nur erdenklichen Utensilien für den Farm- und Rennbetrieb – von Sattel- und Zaumzeugen, Sätteln und Futtertrögen bis zu wollenen Maulkörben und Höckerwärmedecken; dazu Stoppuhren, Bluetooth-Messgeräte für Lauftempo, Distanzen und Herzfrequenz sowie, zum Wohle der zweibeinigen Betreuer, Zelte, Teppiche, Schlafsäcke und vieles mehr. Auf einem gesonderten Geviert sind die Futterhändler zu Hause, stapeln sich haufenweise Datteln in riesigen Eimern und Riesenbündel von Alfalfagras und Weizenstroh. Arztpraxen, Analyselabors und Spezialapotheken garantieren veterinären Rundum-Service. In Werkstätten bekommt man Walkie-Talkies und Robot Jockeys repariert, in Wäschereien seine Dishdashas und Gahfiyas, die eleganten weißen Übergewänder und die karierten Kopftücher, gereinigt. Lebensmittelläden, Imbissstuben, eine große Moschee, eine Bank und sogar Anwälte bieten ihre Dienste an. Und eine Außenstelle des *General Directorate of Residency of Foreigners Affairs* verlängert auf kurzem Dienstweg die Aufenthaltsgenehmigungen für die Hilfskräfte aus Übersee.

Neue, aber auch reparierte Robot Jockeys harren, in den Farben der verschiedenen Rennteams »gekleidet«, im Specialshop des Basars von Al Lisaili der Abholung beziehungsweise Käufer.

95 Fit auf Rezept

Auf Visite in der Kamelapotheke

Im Basar von Al Lisaili finden Kamel-Aficionados alles, was ihr Herz begehrt. Eine zentrale Rolle spielen naturgemäß die Tier-Drogerien. Pellets, Kapseln, Spritzen, Pasten zur Stärkung von Herz, Lungen, Knochen, Muskeln zum Beispiel oder gegen Abszesse, Parasiten, Durchfall, Magengeschwüre. Kein Leiden, gegen das sich in ihren Regalen kein Mittel fände, kein Defizit, das sich nicht ausgleichen, kein Ehrgeiz, der sich nicht stillen ließe. Und zwecks Feintuning führt man Dinge wie Kühlgel für überhitzte Gelenke, Fettcremen fürs Euter, Extrakte aus Dorschleber für die Augen, aus Artischocken für die Lippen, diverse Shampoos und Insektenrepellents sowie, ja, Hustensirup.

Die Kamelfarmbesitzer und ihre Manager sind Dauerkunden und lassen hier monatlich Unmengen an Geld. Dies umso mehr, als in der obigen Liste gar noch nicht jene zahllosen Zusatzstoffe vermerkt sind, die Profis für die volle Versorgung ihrer Lieblinge für unverzichtbar erachten. Denn bei einer perfekten Diät geht es nicht bloß um das genauestens abgestimmte Verhältnis von Fasern, Proteinen, Kalzium, Phosphor, Mineralen, Vitaminen et cetera. Speziell während der Rennsaison gilt es zudem, diverse Mikroelemente und Zusatzvitamine beizumischen. Denn wie beim Menschen, bei Bodybuildern etwa, so ist es auch für das Wohlempfinden und die maximale Leistung von Rennkamelen unabdingbar, ihre Ernährung kurz vor dem Wettbewerb feinzutunen. Ausgewiesene Experten kalkulieren den Futterplan in diesen Tagen der (Vor-)Entscheidung je nach Körpergröße, Trainingsart und Renndistanz für jedes einzelne Tier.

In puncto Fütterung ihrer Schützlinge haben Beduinen ihre Erfahrungen über Generationen auf Basis von Trial and Error gesammelt. Im Pferderennsport hingegen werden zur diätetischen Forschung seit Langem schon Millionensummen investiert. Und diese Expertise findet in jüngster Zeit massiv auch im Kamelrennsport Anwendung.

Um den Salz- und Mineralgehalt der Kamele zu decken, bekommen sie regelmäßig – für sie offensichtlich sehr bekömmliche – Lecksteine vorgesetzt.

96 Mekka der Tiermedizin

Das neue Dubai Camel Hospital

Ihre Vision war, eine Tierklinik von Weltrang zu schaffen, und zwar die erste ausschließlich auf Kamele spezialisierte. Denn dieses großartige Geschöpf, so ihr Beweggrund, habe den Menschen des Landes seit alters immens geholfen. Nun sei es an der Zeit, sich erkenntlich zu zeigen. Als 2017 die beiden Initiatoren, Scheich Mohammed Al Maktoum als Emir von Dubai und sein Sohn Hamdan, das *Dubai Camel Hospital* feierlich eröffneten, war der Traum Realität geworden.

Entstanden war, direkt neben dem Rennplatz von Al Marmoum, eine Heil- und Forschungsstätte auf dem allermodernsten Stand der Medizintechnik. Ihre diagnostische und chirurgische Ausstattung erlaubt Untersuchungen und Operationen an Kamelen, deren Durchführung man zuvor nirgendwo sonst in der Welt auch nur in Erwägung gezogen hatte. Seither gelingen dem hier tätigen internationalen Team erfahrener Veterinäre spektakuläre Pionierleistungen am laufenden Band. Kein Wunder, dass Züchter und Trainer mit ihren maladen Lieblingen von weit her, aus ganz Arabien, anreisen.

Das Spektrum an Indikationen reicht von Stürzen bei Rennen über die Behebung von Unfruchtbarkeit bis zur Intensivbetreuung bei medizinischen Notfällen. Einen Arbeitsschwerpunkt bildet die Frakturheilung, deren bestmöglichen Verlauf zwei State-of-the-Art-Operationssäle, aber zum Beispiel auch komplizierte Hebevorrichtungen zur Physiotherapie und eine Übungsstrecke zwecks weiterer Rehabilitation gewährleisten. Spezialisten schwärmen zudem etwa von der Möglichkeit, per Overground-Endoskopie Beeinträchtigungen des oberen Atmungsapparats zu untersuchen, Lahmheit auf biomechanischem Wege zu ermessen und mittels Gamma-Szintigrafie genauer zu diagnostizieren. All dies führt zu einer steten Erweiterung des einschlägigen Wissenshorizonts und in der Folge zur ständigen Verbesserung der Gesundheit und Erhöhung des Wohlbefindens von Kamelen rund um den Erdball.

Ein malades Kamel liegt, für den Eingriff vorbereitet, auf dem OP-Tisch. Das *Dubai Camel Hospital* (DCH) wurde im Dezember 2017 eröffnet und schon zwei Jahre später in seiner Kapazität um 50 Prozent erweitert. Seither können in ihm bis zu 30 Tiere zugleich behandelt werden. Bereits 2015 wurde in Katar mit dem *Tharb Camel Hospital* die erste auf die Behandlung von Dromedaren spezialisierte Klinik in der Golfregion in Betrieb genommen. Und im Sommer 2020 ging in Buraydah, der Hauptstadt der saudischen Provinz Qassim, unweit des Areals, auf dem an sechs Tagen die Woche einer der weltweit größten Kamelmärkte stattfindet, mit dem *Salam Veterinary Camel Hospital* eine weitere State-of-the-Art-Klinik in Betrieb.

97 Im Fokus der Wissenschaft

Weltweite Forschung im Aufschwung

Ob allgemeines Desinteresse an Kamelen der Grund war? Oder deren überdurchschnittliche Resistenz gegenüber vielen pathogenen Mikroorganismen? Tatsache ist, dass veterinärmedizinisch Interessierte die längste Zeit über sehr zu Recht einen Mangel an einschlägigen Veröffentlichungen beklagten. Gewiss, eine Hand voll europäischer, in Afrika oder Indien tätiger Tierärzte hat früh schon hilfreiche Bücher über »die Krankheiten von Kamelen« verfasst: Georges Curasson zum Beispiel 1947, oder schon 1880, pionierhaft, der Brite John Henry Steel. Doch grundsätzlich erhöht hat sich die Publikationsdichte erst in den letzten zwei, drei Jahrzehnten.

Einen Markstein setzte Murray E. Fowler 2010 mit seinem Standardwerk »Medicine and Surgery of Camelids«. Im Jahr zuvor bereits hatte die Weltorganisation für Tiergesundheit (OIE) erstmals Top-Experten zu einer Konferenz über Kamelkrankheiten in ihr Hauptquartier in Paris eingeladen. Mit der Herausgabe der Ergebnisse auf ihrer Webseite (www.oie.int) sandte sie das klare Signal: Das Klischee von Kamelen als wandelndem Anachronismus ist unwiderruflich tot.

Seither sind die Kameliden in den Fokus wissenschaftlichen Interesses gerückt. Die Zahl der Fachpublikationen (hervorhebenswert: das in Bikaner herausgegebene *Journal of Camel Practice and Research*) ist rasant gewachsen, ebenso die Zahl internationaler Konferenzen (von globaler Bedeutung: jene der Ohio State University) sowie gemeinsamer Forschungsprojekte von europäischen Universitäten mit Institutionen in ariden Regionen. Wobei sich auch der zuvor schwierige Austausch über Trampeltiere mit Fachleuten in deren Heimatländern, insbesondere mit Chinesen und Russen, jüngst erfreulich stark intensiviert hat. Und selbst dort, wo man Alt- und Neuweltkamele nur nachträglich importiert hat, erscheinen mittlerweile Periodika, in Deutschland etwa das Fachmagazin *Lamas* (www.nwk-verein.de).

Zu den weltweit wichtigsten Instituten, die Kamele erforschen, zählen: *National Research Centre on Camel* in Bikaner (Indien), *Faculty of Veterinary Science* in Khartum (Sudan), *Institut Agronomique et Vétérinaire Hassan II.* in Rabat (Marokko), *Laitière de Mauritanie* in Nouakchott (Mauretanien), *CIRAD-EMVT* in Montpellier (Frankreich), *Xinjiang Institute Of Biology* in Urumqi (China), *ACSAD* in Damaskus (Syrien), *Veterinary Faculty* in Davis (Kalifornien, USA), *Camel Research Unit* in Tripolis (Libyen), *Center for Comparative Medicine and Desert Research* an der Negev University in Beer Sheva (Israel), *Department Of Camel Affairs* in Muscat (Oman), *The Racing Camel Scientific Research Centre* in Al Ain sowie *Camel Reproduction Centre* und *CVRL* (siehe Kapitel 111) in Dubai (Emirate).

98 Spieglein, Spieglein …

Die Extravaganz der Schönheitswettbewerbe

Wie tief die Liebe und Verehrung für das Kamel in den Herzen und Köpfen vieler Araber bis heute verwurzelt sind, zeigt sich im Rahmen der vielerorts organisierten *beauty contests.* Tagelang erörtern die Kamelbesitzer da hingebungsvoll Gang und Physiognomie jedes einzelnen ihrer kostbaren Schützlinge. Und mit welch grenzenloser Bewunderung und auch Fachkenntnis sie die Farbtönung ihrer Felle bewerten – gleich ob es sich um das helle goldbraune eines *shaal*, das weiße eines *maghathir* oder das schwarze eines *mijaheem* handelt!

Da werden im Vorfeld Zügel, Sättel, Taschen liebevoll dekoriert und auch die Tiere mit aller Art von Besatz versehen. Bommel, Quasten, Zöpfe baumeln in allen Regenbogenfarben hippiehaft wie Rastalocken von Köpfen und Hälsen. Mit Messingglocken behangene Kettchen schmücken Knöchel und Füße. Vorder- und Hinterteile sind drapiert mit bunten, aufwendig bestickten Stoffen. Und nicht wenige sind zusätzlich mit oft komplizierten Ornamenten und Bildmotiven verziert, die man mit Scheren und Rasiermessern in ihr Fell geschnitten hat.

Selbst in der digitalen Welt der Massenmedien ist die Zuneigung lebendig: »The Million's Poet« zum Beispiel, eine von Abu Dhabi ausgestrahlte, in ganz Arabien zur abendlichen Hauptsendezeit von Abermillionen Zuschauern verfolgte TV-Talentshow, hat zum Ziel, die uralte Tradition der beduinischen *Nabati*-Poesie wiederzubeleben. Dabei präsentieren die Teilnehmer ihre Künste im Extemporieren und Rezitieren von Versen, welche das Publikum dann per SMS beurteilt. Zu den populärsten Themen zählen: Respekt gegenüber Älteren, Arabischer Kaffee, Datteln und – es versteht sich von selbst – Kamele. Wie meinte Ihre Hoheit Scheich Zayed bin Sultan Al Nahyan, der Emir von Abu Dhabi, Gründungsvater und erste Präsident der Vereinigten Emirate einst zum Thema Kulturerbe: »Wer ohne Vergangenheit ist, ist ohne Gegenwart und hat auch keine Zukunft.«

Schwarzfellige Kamele werden von Kennern ob ihrer ungewöhnlichen Ästhetik besonders geschätzt. Dieses Exemplar – trägt es deshalb den Kopf so hoch? – errang bei einem renommierten Schönheitswettbewerb den ersten Platz. Übrigens zählt es definitiv nicht zu jenen Tieren, die im Februar 2018 international von sich reden machten: Damals ging die kuriose Meldung um die Welt, bei einer Schau in der saudischen Hauptstadt Riad seien zwölf Kamele mit aufgespritzten Lippen entdeckt worden. Dafür wurden sie freilich disqualifiziert. Doch die abschreckende Wirkung der Geldstrafe, läppische 100.000 US-Dollar, darf bezweifelt werden. Immerhin heimste der Besitzer des schönsten Tieres damals ein Preisgeld von 5,7 Millionen (!) ein.

99_Wohltäter und Nutztier

Die Verarbeitung von Leder und Wolle

Es gibt etliche physiologische Besonderheiten, die Kamele künftig zu Wohltätern der Menschheit adeln könnten. Vielleicht nicht die allerwichtigsten, aber leicht zu nutzen und schon seit Menschengedenken erprobt, sind Haut und Haar. Kamelleder weist eine fünfmal höhere Reißfestigkeit als Rindsleder auf, ist also enorm strapazierfähig. Es wird deshalb immer öfter und auf vielerlei Weise verarbeitet – zu Gewand etwa, Hand- und Geldtaschen, Schuhen ... Toyota, um zwei verblüffende Beispiele zu geben, bespannt damit die Sitze von Luxusmodellen der Marke Lexus und die Airline Etihad manche in ihren Flugzeugen.

Ein wichtiges Nebenprodukt ist in so manchen Ländern mit verbreiteter Kamelhaltung das feine, weiche Flaum- oder Unterhaar der Tiere. Kamelwolle zählt zu den wertvollsten tierischen Fasern überhaupt und wird bevorzugt für hochwertige Kleidung und Bettwaren verwendet. Unter den Altweltkamelen produzieren Trampeltiere die bessere Wolle – 10 bis 16 Kilogramm (im Vergleich zu 2 bis 3 Kilogramm beim Dromedar) pro Tier. Doch das Interesse an einer industriellen Verarbeitung ist bislang sehr begrenzt. Bedeutung hat sie vorerst nur in Australien, China, der Mongolei und ein klein bisschen in Iran, Afghanistan und Kasachstan.

Um einiges begehrter ist die Wolle der in Südamerika beheimateten Neuweltkamele. Hauptlieferant ist hier traditionell für die indigenen Andenvölker das Alpaka alias *Pako*. Seine weiche, seidig-glänzende Faser – und zwar sowohl die gekräuselte der *Huacaya*-Rasse als auch die glatte der *Suri*-Alpaka – ist deutlich wärmer, feiner und fettärmer als Schafwolle. Sie wird im Rahmen der in Intervallen von etwa zwei Jahren zwecks Regulation des Wärmehaushaltes obligaten Pflegeschur gewonnen. Der gesamte Prozess ihrer Verarbeitung freilich, vom Waschen und Kardieren über das Spinnen und Weben sowie Weiterveredeln, ist dem Verfahren bei Schafwolle sehr ähnlich.

Die Verarbeitung vom Haar der Trampeltiere – das diese (siehe Bild) am Winterende sehr abrupt abwerfen – hat mancherorts eine lange Tradition. Die mit Abstand feinste und daher teuerste Wolle aller Kameliden besitzen die Vikunjas. Diese zierlichsten unter den Neuweltkamelen leben in den Anden in Höhen zwischen 3.500 und 5.500 Metern. Sie produzieren pro Jahr nur maximal 200 Gramm des zimt- bis beigefarbenen Wollhaares. Die in den 1960er Jahren beinahe ausgestorbenen, seit 1975 streng geschützten Tiere werden in ihren Heimatländern Peru, Chile, Bolivien und Argentinien überwiegend frei laufend in Nationalparks gehalten. In Peru pflegt man im Zuge der traditionellen Scherzeremonie (*Chacu*) die Herden alle zwei Jahre in Pferche zu treiben und zu scheren. Die weltweite Jahresproduktion an Vikunjawolle beläuft sich auf nur etwa 6.000 Kilogramm.

100_Flauschige Raritäten

Teppiche aus Kamelhaar

Freunde von Orientteppichen in aller Welt wissen es: Als Rohmaterial für handgeknüpfte Qualitätsstücke dient heute, wie seit alters, die Wolle von Schafen und manchmal auch Ziegen. Nur ganz selten hingegen, weil es rar und daher kostspielig ist, kommt auch Kamelhaar zur Anwendung. Und zwar ausschließlich das eher raue des Dromedars und das gleichfalls festere Deckhaar des Trampeltiers, aus dem man außerdem grobe Decken, Seile, Filze oder Füllungen für Matratzen und Kissen herstellt.

Das Gros der Kamelhaarteppiche stammt traditionell aus dem Nordwesten Irans. Es ist ein kleines, gebirgiges Gebiet in den Provinzen Aserbaidschan und Kordestan, dessen mehrheitlich nomadische Bewohner das begehrte Garn selbst aus der Wolle ihrer Kamele zu spinnen pflegten. Das Ergebnis waren überdurchschnittlich strapazierfähige, aufgrund der thermostatischen Qualität der Faser im Winter wohlig warme, im Sommer kühle Teppiche in sanften, leuchtenden Erdtönen. Ihr *Abrasch*, der durch die Naturfarben verursachte dekorative Farbverlauf, konnte von Hellblond über Weizen und Walnuss bis Schokoladenbraun changieren. Die bekanntesten Herkunftsorte hießen Bijar, Malayer, Serab und Bakshaish. Doch verknüpfte man Kamelhaar auch mancherorts in Belutschistan, bei den Turkmenen und im Kaukasus. Zu Kelims verwoben wird es – bis heute – vor allem in China und der Mongolei.

Aufgrund der fortschreitenden Kommerzialisierung der iranischen Teppichproduktion, die zwischen den Weltkriegen vorrangig für den Export zu arbeiten begann und sich folglich bei Farben und Design am Geschmack europäischer Kunden orientierte, kam Kamelhaar (aus dem man Teppiche fast nur für den Eigenbedarf knüpfte) völlig aus der Mode. Qualitätvolle und daher hochpreisige Sammlerstücke, die heute – selten genug – am internationalen Markt auftauchen, datieren deshalb fast ausschließlich aus den Jahren 1850 bis 1900.

Kamelhaar wurde und wird nur selten zu Teppichen verarbeitet. Ob diese beiden Händler an der Fassade eines Wohnhauses in Budapest um ein solch rares Exemplar feilschen? Zu vermuten ist wohl eher, dass das Kamel nur als Symbol für orientalische Assoziationen herhalten sollte.

101 Weißes Gold aus der Wüste

Lebenselixier Kamelmilch

Ein Aspekt, dem speziell in Hinblick auf den künftigen Beitrag der Kamele zur Linderung zentraler Menschheitsprobleme größte Bedeutung zukommt, ist die Verwertung ihrer Milch. Denn diese wird von der Fachwelt ob ihres hohen Nährwertes und gesundheitlichen Nutzens längst vehement propagiert.

Das »Weiße Gold aus der Wüste« enthält nur halb so viel Fett wie Kuhmilch und kein Beta-Lactoglobulin (was sie für Laktoseallergiker bekömmlich macht), dafür vier- bis sechsmal so viel Vitamin C, auch mehr Minerale und Eisen, diverse B-Vitamine sowie das gegen Viren und schädliche Bakterien hoch wirksame Lactoferrin. Ein weiteres therapeutisches Atout stellt der hohe Anteil von Insulin dar. Da Kamelmilch nicht gerinnt, gelangt sie durch den sauren Magen unbeschadet in den Darm. Erst dort wird das den Blutzuckerspiegel senkende Hormon aufgebrochen und resorbiert – ein enormer Vorteil in der Bekämpfung von Diabetes. Außerdem dürfte Kamelmilch, so signalisieren Zwischenergebnisse aus der einschlägigen Forschung, Magengeschwüre, Asthma und Allergien heilen helfen. Eindrucksvolle Ergebnisse liegen zudem für die Behandlung von Autismus und Autoimmunkrankheiten wie Lupus, Pemphigus, Psoriasis, Morbus Crohn oder Multiple Sklerose vor.

Experten sind sich einig, dass die Höckertiere vor allem in ökologischen und ökonomischen Randgebieten rasant an Bedeutung gewinnen werden, auch weil sie unter gleich kärglichen Futterbedingungen deutlich mehr Milch als ein Rind produzieren. Noch steuern Kamele nur 0,2 Prozent zum weltweiten Milchkonsum der Menschen bei. Doch vor allem auch wegen ihres anti-allergenen, gesundheitsfördernden Effekts wächst inzwischen auch das Interesse westlicher Konsumenten und damit der Industrie an Produkten aus Kamelmilch merklich.

Ein Raika-Nomade in Rajasthan mit dem überschäumenden Ergebnis der jüngsten Melk-Session. Neuweltkamele werden nicht gemolken, Kamele der Alten Welt indes seit Menschengedenken sehr wohl. Dabei enthält die Milch von Trampeltieren mehr Milchkomponenten, während jene von Dromedaren deutlich wässriger ist. Die Natur folgt logischen Geboten: Das zweihöckrige Tier lebt in kaltem Klima, daher erreicht bei ihm der Anteil an Milchfett, das dem Neugeborenen als Energiequelle dient, bis zu acht Prozent. Das einhöckrige hingegen lebt in heißen Zonen, daher ist der Fettgehalt bei ihm gering, der Wassergehalt dafür hoch. Lesetipp: der ergreifende Bericht über die Odyssee einer Mutter rund um den Globus auf der Suche nach Kamelmilch für ihren autistischen Sohn (auf Englisch): »Camel Crazy« von Christina Adams, New World Library, 2019.

102 Die Kunst des Melkens

Techniken und Tücken

In den trockenen Regionen der Welt werden die Bestände an Rindern, Schafen und Ziegen regelmäßig durch Dürren dezimiert. Nur Kamele überleben und fahren dabei auch mit der Milchproduktion fort. Eine der Besonderheiten bei dehydrierten Kamelen besteht darin, dass sie im Gegensatz zu echten Wiederkäuern weiterhin laktieren und im Notfall eine zu 90 Prozent mit Wasser verdünnte Milch absondern. Selbst wenn sie zehn Tage lang nichts trinken, bringen sie täglich problemlos zehn Liter Milch hervor und versorgen so Fohlen wie Menschen mit den lebensnotwendigen Nährstoffen.

Um den Milchertrag für sich selbst zu maximieren, greifen Beduinen zu allerlei Listen. Eine besteht darin, Mutter und Junges voneinander zu trennen. Am Morgen zwingt man die Stute, ohne Fohlen mit der Herde auf die Weide zu gehen, wo man sie in Ruhe melken kann. Gängige Praxis ist auch, das Kleine mittels eines Euterschutzes, einem Stück Stoff oder Stricknetz, am Saugen zu hindern. Alternativ wird an jeder einzelnen Zitze, um den jeweiligen Milchkanal zu verschließen, ein Stoffstreifen oder auch Rindenstück festgebunden. Zugegeben etwas fies, aber effizient ist es, die Zitzen nach dem Melken ungenießbar zu machen, indem man sie mit den letzten Milchtropfen befeuchtet und hernach mit Sand oder gar Kot des Muttertieres bestreicht. In jedem Fall erhält das Fohlen natürlich genug Möglichkeit zu trinken.

Als heikel erweist sich oft der Melkvorgang selbst. Auf traditionelle Art von Hand durchgeführt, birgt er die Gefahr, dass die Stute beißt oder ausschlägt. Hilfreich ist deshalb die Einrichtung eines Melkstandes, der sie mittels mobiler Zwischenwände fixiert. Steht ein solcher nicht bereit, werden die Hinterbeine oft vorsorglich gefesselt. Prekär bleibt die Situation trotzdem, muss doch die melkende Person auf einem Bein stehend und ihren Kopf an der Flanke des Tieres abstützend den Eimer auf ihrem Schenkel balancieren.

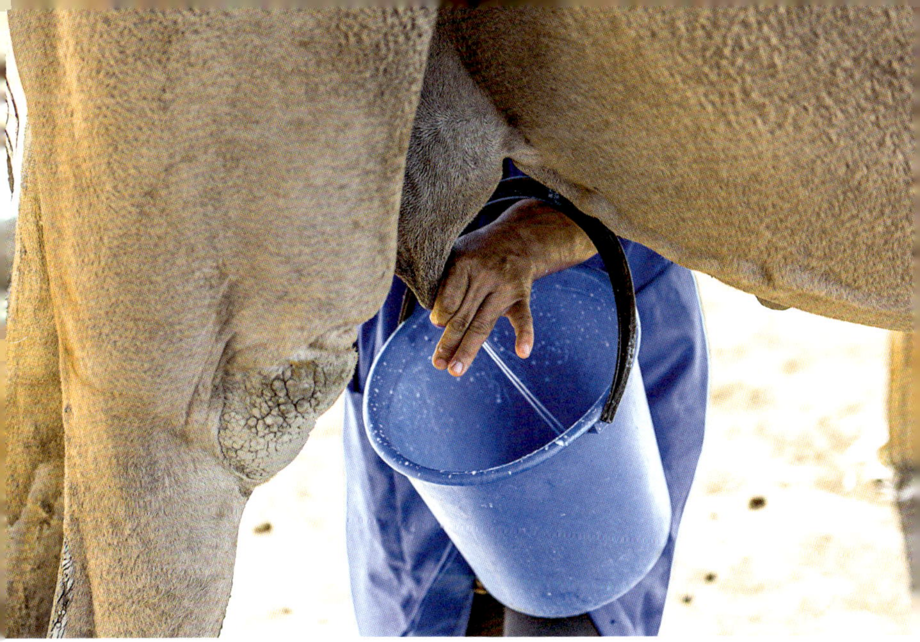

Kamele pflegen manchmal selbst bei auch nur leisen Irritationen, anders als Kühe, die Milch mittels Schließmuskel zurückzuhalten. Solange man ihnen freilich betont stressfrei begegnet und ihr Euter vorab massiert, fließt die Milch in der Regel reibungslos. Dies umso mehr, wenn die Stute entweder die melkende Person kennt oder zumindest daran gewöhnt ist, von unterschiedlichen Menschen gemolken zu werden.
Im Bild: eine hochmoderne Melkanlage in der 2005 in Dubai eröffneten, damals weltweit ersten vollautomatischen Kamelmilchfarm (siehe Kapitel 103). Der Melkvorgang per Hand wirkt dagegen fast schon anachronistisch.

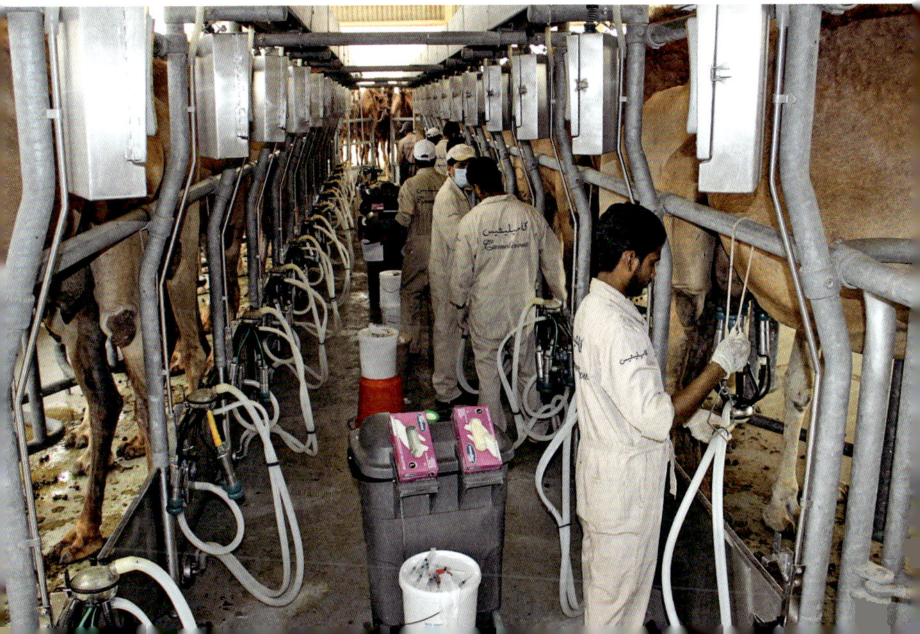

103 Camelicious

Eine Molkerei weist in die Zukunft

Das Bestreben, dem Lebenselixier Kamelmilch die gebührende Popularität zu verschaffen, bewog den Emir von Dubai zur Finanzierung eines bahnbrechenden Projekts. Jahrelang tüftelte das Institutsteam des CVRL (siehe Kapitel 111) gemeinsam mit Fachleuten der Molkereiwirtschaft an Methoden, aus den bisweilen zu Nervosität und Bockigkeit neigenden Dromedardamen effiziente Milchspenderinnen zu machen. Bedenken im Vorfeld galten vor allem dem Melkvorgang. Doch auch allerlei technische Probleme wie zum Beispiel die Konstruktion ergonomisch passender Melkstände galt es zu lösen. 2005 aber eröffnete dann unweit des Rennplatzes von Al Marmoum der Welt erste vollautomatische Kamelmilchfarm. Heute leben dort rund 8.500 Tiere, werden zweimal täglich mehrere hundert gemolken. Einen Großteil des Ertrags, circa 7.000 Liter, verarbeitet man zu Milch, die unter dem Markennamen »Camelicious« in Hotels und Supermärkten reißenden Absatz findet. Für Länder ohne funktionierende Kühlkette erzeugt man Milchpulver. Der Rest wird getrocknet zum Rohstoff für Kamelmilchschokolade.

Der Erfolg nährt beim Team des CVRL die Hoffnung, bald weitere Träume verwirklichen zu können. Etwa die Gründung eines wissenschaftlichen Instituts, das die Kamelmilch in allen Belangen wirklich grundsätzlich und im großen Stil mittels klinischer Studien erforscht. Denn eines ist klar: Das Kamel vermag vorhandene Ressourcen so effizient wie kein anderes Nutztier in Energie zu verwandeln. Doch wird es noch von viel zu wenigen genutzt. Im Zuge der globalen Erwärmung steht vielen Weltgegenden ohne Zweifel die große Trockenheit bevor. So ist anzunehmen, dass man in Zukunft etwa in ganz Südeuropa Kamele halten wird. Deshalb würden die Experten aus Dubai, wenn sich ein Finanzier fände, in Spanien oder Griechenland zum Beispiel liebend gern eine entsprechende Musterfarm aufbauen, in der sich vor allem Kamelmilch profitabel herstellen und weiterverarbeiten ließe.

Die mit Abstand meiste Kamelmilch weltweit wird in Somalia gemolken. Es folgen auf den Plätzen: Saudi Arabien, Sudan und Mali. Innerhalb Deutschlands gibt es bislang eine einzige Kamelfarm (Stand: Frühjahr 2021), die Kamelmilch selbst kommerziell herstellt und auch landesweit, frisch und kühl verpackt, per Post versendet (Bestellungen: www.kamelfarm.de). Den Import von Kamelmilch arabischer Provenienz haben die strengen Seuchenschutzbestimmungen der EU lange Zeit verunmöglicht. Nach langwierigen Verhandlungen darf das Lebenselixier jedoch seit ein paar Jahren unter strengen Auflagen eingeführt werden. Camelicious Camel Milk ist, flüssig oder in Pulverform, online über www.kamelmilch.de erhältlich.

104 Ein Märchen für Süßzähne

Die Verwandlung von Kamelmilch in Edelschokolade

Ein Produkt, das international unter Feinschmeckern seit geraumer Zeit für Furore sorgt, ist Schokolade der Marke *al-Nassma*. Es war 2008, gut zwei Jahre nach Eröffnung der weltweit ersten Hightech-Kamelmolkerei in Dubai (siehe Kapitel 103), dass ebendort eine in der globalen Welt der Süßwaren gleichfalls pionierhafte Initiative aus der Taufe gehoben wurde: ein Unternehmen, das auf Basis der Milch von Dromedaren edle Schokolade fabriziert. Das Kernteam bildeten der Kölner Martin van Almsick, der bis heute als Generaldirektor fungiert, der Franko-Kanadier Patrick Dorais, ehemals Nestlé, als Verkaufschef und der Österreicher Johann Georg Hochleitner. Letzterer hatte als Sproß einer Konditorenfamilie in seiner Salzburger Heimatgemeinde Tamsweg bereits mit Erfolg Schokolade aus Schafs-, Ziegen- und Büffelmilch hergestellt.

Über mehrere Jahre wurde an der perfekten Rezeptur getüftelt, ehe al-Nassma – der arabische Name bezeichnet einen wohltuend kühlenden Wüstenwind – als weltweit erste Kamelmilchschokolade Genießergaumen entzücken konnte. Anfangs besorgte die Firma Manner, Hersteller der berühmten Mannerschnitten in Wien, die Produktion. Inzwischen erfolgt sie zur Gänze in einer hochmodernen Fabrik im Nachbaremirat Umm al-Qaiwain.

Als Zutaten finden nur feinste Rohstoffe Verwendung: echte Madagaskar-Vanille, Akazienhonig und Kakaobohnen aus Tansania, jedoch kein Palmöl, kein Sojalecithin, kaum Zucker. Das Sortiment umfasst mittlerweile neben reiner Vollmilch- und Dunkelschokolade auch Kreationen wie die mit Kardamom, Zimt, Nelke und Pfeffer aufgemischte Sorte »Arabia«, eine mit Datteln und eine »Macadamia-Orange«. Dass etwa eine 70-Gramm-Tafel stolze sieben bis acht Euro kostet, liegt freilich vor allem am Preis für Kamelmilchpulver: Der ist rund 20 Mal höher als für das Äquivalent aus Kuhmilch.

Zu Beginn war die Kamelmilchschokolade nur auf dem Heimmarkt erhältlich, im Duty-free-Shop des Dubai Airport, im Luxushotel Burj al-Arab und in der Dubai Mall, dem größten Shoppingzentrum der Welt. Inzwischen gibt es sie in Form von Tafeln, gefüllten Pralinen und in die charakteristische Goldfolie gehüllten Mini-Kamelen in Flughäfen und Premium-Kaufhäusern rund um den Erdball, von San Diego bis Shanghai, Casablanca, Riad und Kuala Lumpur; in Deutschland unter anderem in den KaDeWes von Berlin, Hamburg und München und in Wien bei Julius Meinl am Graben. Jüngste Adresse: ein exquisiter Laden im Goldsuq von Dubai.

105 Das kulinarische Kamel

Liebe geht auch durch den Magen

Man nehme ein Kamel und fülle es mit einem Ochsen, hernach mit einem Esel, es folgen Schaf, Ferkel, Gans, Hase, Ente, Hühnchen, Fisch, eine Wachtel, eine Miesmuschel. Und diese fülle man zu guter Letzt mit einer gebratenen Nachtigallenzunge. In die verbleibenden Zwischenräume stopfe man Obst, Gemüse und Kräuter der Saison. Das solcherart gefüllte Kamel wird in einer dünnen Salzkruste oder Brotteig im Backofen gegart.

Zugegeben, für den modernen Hausgebrauch taugt dieses aus Arabien überlieferte Gericht wohl eher nicht. Schließlich lassen sich mit einem mittelgroßen Tier angeblich um die 500 hungrige Männer verköstigen. Wer also eine traditionelle Großhochzeit oder ein Beduinenfest auszurichten hat … Aber das Rezept zeigt immerhin (so es nicht, wie manch Skeptiker meint, als scherzhafte Übertreibung bloß erdichtet wurde), mit welcher Hingabe man sich Kamelen widmet, selbst wenn man sie zu verspeisen plant, und welch immensen Stellenwert Gastfreundschaft haben kann. Für alle Gourmets freilich, die sich mit kleineren Portionen begnügen, sei Praktikableres ergänzt: Der Verzehr von Kamelfleisch gilt generell als gesund (siehe Kapitel 109). Es wird im Allgemeinen wie Rindfleisch zubereitet, hat allerdings einen hohen Bratsaftverlust und neigt bei nicht ganz jungen Tieren zur Zähheit.

Am häufigsten wird Kamelfleisch in einer Tajine geschmort oder zu diversen Couscous- und Pilaw-Gerichten verarbeitet. Als Delikatesse gilt der in Nordafrika hergestellte luftgetrocknete Kamelschinken, aber auch Wurstwaren aus Kamelen haben unter Feinschmeckern einen guten Ruf. In Arabien beliebt sind *Kabsa* und, in Jordanien sogar als Nationalgericht propagiert, *Mansaf* – beides raffiniert gewürzte Reisgerichte, auf die man gebratene Stücke von Kamel- oder wahlweise auch Lammfleisch türmt. Beide werden nach alter Sitte der Beduinen mit der Hand von einem großen Gemeinschaftstablett schnabuliert.

Die jüdischen Speisegesetze (*Kaschrut*) verbieten den Verzehr von Kamelfleisch. Im Fünften Buch Mose heißt es dazu: »Diese Tiere aber sollt ihr nicht essen unter denen, die wiederkäuen und die gespaltene Klauen haben: das Kamel, den Hasen und den Klippdachs, denn ihre Klauen sind nicht ganz durchgespalten; darum sollen sie euch unrein sein.« Auch Zoroastrier und Kopten sind durch ihren Glauben angehalten, Fleisch von Kamelen tunlichst zu meiden. Im Bild: ein Fleischladen im Basar von Fes, Marokko.

106 Die Krise der Kamelkultur

Populationsschwund von Syrien bis in die Mongolei

Während man Kamele mancherorts pflegt und verhätschelt, werden sie anderswo als Plagegeister angesehen und dezimiert. Das horrende Wachstum der menschlichen Bevölkerung, Verstädterung, Motorisierung und Moderne zerstören langsam, aber sicher eine über Jahrtausende bewahrte und bewährte Lebensweise. In Rajasthan zum Beispiel, in Nordwestindien, führte eine gelinde gesagt eigenwillige Politik des Schlachtens dazu, dass die Zahl der Kamele seit den mittleren 1990er Jahren um mehr als die Hälfte sank. Wobei Klimawandel, das großflächige Fällen von Wald sowie Roden von Grasland und die Umwidmung von Brachland in Industrie- und Gewerbegebiet die Entwicklung zusätzlich verschärften.

Die Ägypter genossen über Jahrhunderte den Verzehr von Kamelfleisch, das ihnen die Beduinen Syriens, Jordaniens und Iraks geliefert hatten. Innerhalb der letzten 50 Jahre jedoch ist der Import von dort nahezu versiegt. Stattdessen deckt das Nilland seinen einschlägigen Fleischbedarf praktisch zur Gänze aus dem Sudan. In Summe hat sich der Bestand an Kamelen im Nahen und Mittleren Osten in der jüngeren Vergangenheit dramatisch verringert.

In Syrien beispielsweise um 90 Prozent. Die alten Meister der Kamelzucht, Arabiens Beduinen nämlich, konnten schon vor dem Bürgerkrieg mit der Konkurrenz aus Afrika nicht Schritt halten. Viele von ihnen haben ihr Nomadendasein aufgegeben, sich in oder nahe von Städten angesiedelt. Saudi-Arabien etwa importiert heute jährlich während der Mekka-Pilgerfahrt Hunderttausende Tiere aus Übersee via Dschibuti. Was mit Blick auf so gefährliche zoonotische Krankheiten wie Rifttalfieber oder das *Middle East Respiratory Syndrome* (MERS) ein massives Problem darstellt. Und in der Mongolei, wo traumatische Klimaveränderungen, nämlich extreme Kälte im Verbund mit Trockenheit, in den Jahren 2009/2010 den gesamten Viehbestand um zehn Millionen Tiere dezimierten, droht der Kultur der Kamelnomaden ein schlimmer Niedergang.

Der 2011 ausgebrochene Bürgerkrieg hat in Syrien auch die Kamelwirtschaft devastiert. In Palmyra zum Beispiel, berichten ehemalige, längst ins Ausland geflohene Züchter, hätten die Männer des IS nach der Übernahme der Oase ihre Dromedare gestohlen, auf dem Schwarzmarkt verkauft oder massenhaft außer Landes geschmuggelt, vor allem in den Irak. Die Terrororganisation kassierte für jedes Tier 30 US-Dollar. Die meisten verbliebenen Kamele wurden mit Fortdauer der Kämpfe vor Ort erschossen, um die hungernden Kämpfer mit ihrem Fleisch zu ernähren.

107_Imbalancen in Arabien

Verwüstungen durch zu hohe Dichte

Die Probleme durch rasch wachsende Populationen belasten die Umwelt auch auf der Arabischen Halbinsel ganz erheblich. Hier stehen Viehzucht und die Biodiversität des Weidelandes seit alters in einem delikaten ausbalancierten Verhältnis zueinander. Eine Zunahme an Nutztierbeständen bedeutet, dass die Vielfalt an einheimischer Flora rapide schwindet – insbesondere die für Kamele schmackhaften Pflanzen sind gefährdet. Bereits mehr als neun Zehntel der Landfläche sind von Desertifikation betroffen, und 45 Prozent von Degradation infolge von menschlichen Eingriffen und Klimawandel.

Zahlreiche Studien belegen, dass die schiere Zahl an Kamelen vielerorts in Arabien und Afrika die Tragfähigkeit von Ökosystemen längst über Gebühr strapaziert. Vor allem verletzliche Wüstennatur steht massiv unter Druck. Begrenzte man die Dichte der sich in offenem Gelände tummelnden Tiere, würde das Vordringen der Wüsten merklich gebremst. Die Vegetation könnte sich von der steten Überweidung erholen. Um die Jahrtausendwende schätzte ein von der FAO publizierter Bericht, dass die Zahl von etwa 100.000 frei laufenden Dromedaren in den Emiraten für das Ökosystem der dortigen Wüsten nachhaltig wäre. Gegenwärtig bevölkern 320.000 die sandigen Weiten.

Als Futterpflanzen werden großflächig fremdländische Arten wie Rhodos-Gras und Luzerne angebaut. Diese verbrauchen Unmengen an Wasser – bis zu 48.000 Kubikmeter pro Hektar und Jahr. In der Folge schrumpften die Grundwasserreserven dramatisch, was wiederum zur erhöhten Versalzung der Böden führte. Am Horizont dräut eine ernsthafte Krise der Wasserversorgung. Abhilfe, sagen Experten, könnte, neben anderen Maßnahmen, der Bau von Milchfarmen schaffen. Kamelbetreiber sollten ermutigt werden, von Freilandhaltung auf intensive Landwirtschaft umzusatteln. In solchen Farmen würden indigene Pflanzen verfüttert. Wüstennatur und Wasserhaushalt könnten sich erholen.

Kamele sind ungleich besser zur Haltung in Wüstengebieten geeignet als Schafe und Ziegen. Denn während jene jede Pflanze bis zu den Wurzeln verzehren und so das Umland von Oasen oft komplett kahl fressen, pflegen diese bloß hie und da einige Blätter zu pflücken und hernach zum nächsten Busch oder Strauch weiterzuwandern. Abgesehen davon spielen sie mit ihren langen Wimpern und haarigen Lippen eine maßgebliche Rolle als Pflanzenbestäuber. In übergroßer Zahl weidend, setzen freilich auch Kamele sensible Ökosysteme stark unter Druck.

108 Sonderfall Südoman

Wo der Monsun für Überbevölkerung sorgt

Anderswo verschlechtert sich die Lage aus anderen Gründen – in der Provinz Dhofar zum Beispiel, im Südoman, aufgrund eines saisonalen Sonderklimas. Denn alljährlich zwischen Juni und September streift hier der *khareef*, der Südwestmonsun, die gebirgige Küste. Wenn seine schweren Wolken an den Felshängen hinter Salalah abregnen, verwandelt sich der ansonsten staubtrockene sandbraune Landstrich für einige Wochen in ein sattgrünes Idyll.

Traditionell pflegten die Kamele der Region vorwiegend in den Wüstengegenden nördlich des Dhofar-Gebirges und nur in geringer Zahl in den küstennahen Gebieten zu weiden. In jüngerer Zeit jedoch treiben ihre Besitzer im Frühherbst große Herden zum Grasen auf die meeresseitigen Hänge. Der kuriose Anblick durch üppig sprießende, nebelverhangene Wiesen staksender Tiere lockt inzwischen im Verbund mit der wohltuend kühlen, feuchten Luft massenhaft Urlauber aus den heißen Golfstaaten an.

Der Überfluss an frei verfügbarem Futter führte dazu, dass die Zahl der Kamele ab 2005 in nur zehn Jahren von 70.000 auf 160.000 gleichsam explodierte (die Rinder- und Ziegenpopulationen wuchsen derweil freilich noch viel schneller). Die Folge: Das Land leidet unter dramatischer Überweidung. Ältere Hirten erinnern sich noch an geradezu dschungelhaft dichte Vegetation. Das Gros der Bäume und Sträucher ist inzwischen verschwunden. Zum Schutz der restlichen vor Entrindung werden immer mehr Kamelen die Vorderzähne entfernt.

Um die Lage zu stabilisieren, täte es dringend Not, gemeinsam mit den Viehhaltern ein zeitgemäßes Zuchtmanagement zu entwickeln. Ein wesentlicher Schritt zur Reduktion der frei wandernden Herden und damit zum Schutz der Natur wäre etwa die Errichtung abgeschlossener Kamelfarmen. Die darin erzeugte Milch und andere Produkte fänden mit Sicherheit weitum, selbst in Muscat, Käufer und sicherten den Tierhaltern ein geregeltes Einkommen.

Eine weidende Herde auf den vom Monsun begrünten Abhängen des Dhofar-Gebirges.

109_Idealer Fleischlieferant

Eine Öko-Lösung zur Ernährung der Zukunft

Die meisten Menschen, vor allem im Westen, hegen Vorurteile gegenüber dem Kamel. Es sei ein vorsintflutliches Vieh, das brülle, beiße und stinke. Von einem solch anachronistischen Tier solle man Milch trinken oder Fleisch essen? Igittigitt! Andernorts hingegen wird es sehr geschätzt und verleiht seinen Besitzern hohen Sozialstatus.

Momentan stellen Kamele noch nur 0,4 Prozent aller weltweit als Nutztiere gehaltenen Pflanzenfresser, konstatiert der französische Biologe Bernard Faye, der seit Jahren von Saudi-Arabien aus das einschlägige Potenzial weltweit studiert. Doch ihre Fähigkeit, in ariden Regionen zu überleben, schreibt er in einem aktuellen Strategiepapier, sowie ihre vielfältigen Nutzungsarten machen sie im Kontext von Klimawandel, Desertifikation und Ernährungskrisen zu äußerst wertvollen Verbündeten. So beobachtet Faye, dass sich speziell in Afrika ihr Lebensraum rasch massiv ausweitet. In Ländern wie Nigeria, Kamerun, Uganda, Kenia oder Tansania wechseln immer mehr Viehzüchter, sogar bei ultratraditionalistischen Hirtenvölkern wie den Fulbe, Massai oder Samburu, vom Rind zum Dromedar. Ein Hauptantrieb dafür ist die Fleischherstellung. Sie gewährleistet wachsenden Bevölkerungen in Steppen und Wüsten Versorgungssicherheit.

Hinzu kommt, wovon Ernährungsphysiologen schon seit Längerem schwärmen: Das Fleisch des Kamels enthält ungleich weniger Fett und Cholesterin als das vom Rind, schmeckt dabei aber, wenn es von Jungtieren stammt, sehr ähnlich. Vor allem in Arabien, wo im Zuge der Urbanisierung immer mehr sesshaft gewordene Beduinen davon leben, die Stadtbewohner zu versorgen, stellt Faye denn auch jüngst eine Intensivierung und Kommerzialisierung der Produktion fest. Moderne Methoden, von der künstlichen Besamung und dem Einsatz von Markergenen über die Futteranalyse bis zu erhöhten Hygienestandards bei der Schlachtung, halten langsam Einzug.

In heutiger Zeit, da ernährungsbedingte Krankheiten und Übergewicht grassieren, wären Kamele eine gute Quelle für gesünderes Fleisch. Leider ist die Fachliteratur über dessen Eigenschaften bislang rar. Und die Aufzucht der Tiere als Fleischlieferanten ist noch zu wenig verbreitet. Kamele werden vorwiegend geschlachtet, wenn ihre Arbeitsleistung oder Milchproduktion sinken, wenn die Stute unfruchtbar ist, aus Anlass von Festen oder zu rituellen Zwecken.
Im Bild: Die Poster dieses in der südiranischen Stadt Shiraz entdeckten Ladens verkünden: »Frisches Fleisch. Tägliche Schlachtung« und: »Unsere Waren im Laden sind sämtlich vom Gesundheitsministerium der Provinz Fars genehmigt.«

110 Genetische Vielfalt

Ein Atout für künftige Zuchterfolge

Seine speziellen Qualitäten bei Milch und Fleisch prädestinieren das Kamel zum idealen Komplizen des Menschen angesichts von künftigen Krisen. Eine weitere, noch wenig bekannte Eigenschaft dürfte seine künftige Rolle als Helfer in der Not noch verstärken: die große genetische Vielfalt.

Lange war das Erbgut von Kamelen im Vergleich zu dem anderer Nutztiere wenig erforscht. Doch jüngst nahm ein internationales Team unter Ägide der Vetmeduni Wien die Geschichte der Dromedare auf genetischer Ebene unter die Lupe. Es untersuchte die DNA von mehr als tausend Tieren aus 18 Ländern – insgesamt mehr als 22.000 verschiedene Abschnitte, die sich über das ganze Genom verteilen. Dabei zeigte sich, dass die Domestikation der wild lebenden Vorfahren im 2. Jahrtausend vor Christus, viel später als bei den meisten anderen Haustieren, begann. »Die Population der Wildform«, erläutert Studienleiterin Pamela Burger, »dürfte damals schon relativ klein gewesen sein, und die gezähmten Tiere haben einfach die wilden verdrängt«. Mit der Zahl der Wildtiere war auch ihre genetische Vielfalt deutlich geschrumpft. Und von diesem ohnehin begrenzten Genpool haben die ersten Kamelhalter nur einen Teil für die Zucht verwendet.

Trotzdem hat sich eine erstaunliche Vielfalt bis zum heutigen Tag erhalten. Denn einerseits dürften die Dromedare ihre Gene kreuz und quer durch Nordafrika und Vorderasien getragen und so immer wieder mit unterschiedlichen Populationen durchmischt haben. Andererseits hat bei ihnen keine spezielle Selektion stattgefunden, es gibt, anders als bei Schweinen, Hühnern oder Rindern, keine Hochzüchtungen. Züchter hätten offenbar stets auf die Vielfalt in der Herde geachtet, so Burger, »um mit den wechselnden klimatischen Bedingungen zurechtzukommen, damit am Ende die Herde überlebt und nicht ein einzelnes hochgezüchtetes Tier, das bei der nächsten Dürre dann keine Chance hat«.

Dieser Dromedar-Fötus wird aus einem sehr speziellen Grund auf einem Regal im Eingangsbereich des Central Veterinary Research Laboratory (siehe Kapitel 111) zur Schau gestellt: Aus einem seiner Haut entnommenen Gewebestück entwickelten die Forscher mittels Veränderung eines Genoms eine permanente Zelllinie. Als embryonale Hautzelllinie lagert sie seither in der *American Type Culture Collection* (ATCC), einer in Virginia, USA, beheimateten gemeinnützigen Organisation, wo jedermann bei Bedarf einen Ableger bestellen kann, um damit medizinwissenschaftlich zu arbeiten.

111 Top-Forschung in Dubai

Das Central Veterinary Research Laboratory

Das *Central Veterinary Research Laboratory* (CVRL, www.cvrl.ae) wurde 1985 auf Initiative von Scheich Mohammed Bin Rashid Al Maktoum, dem Herrscher von Dubai, ebenda ins Leben gerufen. Von Priv. Doz. Dr. Dr. habil. Ulrich Wernery, einem der zwei Autoren dieses Buches, als Scientific Director aufgebaut und bis heute geleitet, wird es von Dubais Herrscherfamilie direkt finanziert. Es ist im Nahen Osten die führende Einrichtung ihrer Art. 140 Beschäftigte aus 12 Nationen arbeiten hier inzwischen mit allermodernstem Instrumentarium an der Vorbeugung, Diagnostizierung und Bekämpfung von Krankheiten einer Vielzahl von Tierarten – Bienen, Fischen, Geflügel, Ziegen, Schafen, Rindern, Pferden und Falken. In einem Hochsicherheitslabor macht man sogar Jagd auf Viren wie Tollwut, Ebola oder MERS-Corona. Außerdem betreibt man Spezialeinrichtungen wie etwa ein Zuchtzentrum für Kragentrappen oder eine Abteilung für Taxidermie.

Doch der Fokus lag von Anfang an auf der Physiologie und Pathologie von Kamelen. Mit Erregern von Kamelpocken, Brucellose, Rift-Valley-Fieber, der Blauzungenkrankheit oder PPR ist man gleichsam auf Du und Du. Seit 2010 entwickelt man in einem eigenen, in Kooperation mit dem österreichischen Biotechnologie-Unternehmen Hämosan etablierten *Camelid Antibody Facility Unit* aus Kamel-Antikörpern hochwirksame Hyperimmunsera gegen Infektionskrankheiten und Schlangengifte.

Viele Kunden, von der *ruling family* abwärts, konsultieren das Labor jedoch auch nur, um die Laufleistung ihrer Rennkamele zu steigern. Lungen, Muskeln, Gelenke zu examinieren und nötigenfalls zu kurieren sowie Ernährungsfahrpläne zu optimieren gehört für das Team zum täglichen Geschäft. Freilich rücken für die Forscher wegweisende Zukunftsfragen von Jahr zu Jahr mehr in den Vordergrund. Auch zu solchen wissenschaftlichen Zwecken werden in einem Gehege hinter dem Labor zwei Dutzend Kamele gehalten.

Ulrich Wernery, wissenschaftlicher Leiter des CVRL, entnimmt einem der auf dem Laborgelände lebenden Dromedare eine Probe. Im Hintergrund links schemenhaft zu sehen: der Wolkenkratzer Burj Khalifa – das seit seiner Eröffnung 2008 bis heute mit 828 Metern höchste Bauwerk der Welt.

Bildnachweis

Walter M. Weiss: Kapitel 9 (o.), 13, 14, 17, 20, 21, 22 (o.), 28, 34 u., 36, 38, 42, 43, 46, 55, 56, 57, 79 u., 81 o., 83 (o.), 84, 85, 87, 89-94, 96, 97, 100, 103, 109, 110, 111
Ulrich Wernery: Kapitel 2, 18, 23, 29, 32, 34 o., 50, 65, 74 u., 78 o. und u., 79 o., 83 u., 86, 88, 95, 98, 99 o., 102 u., 106, 107, 240 (u.)
Weitere Rechteinhaber: Kapitel 1: shutterstock.com/photomaster; Anan Kaewkhammul; Elisa Locci; PhotoMagicWorld; Dmitry Burlakov; sabine_lj; Kapitel 3: shutterstock.com/Ilyas Kalimullin; Kapitel 4: Alpakahof Hahn, Grafenschlag/Nö; Kapitel 5 (o. und u.): Martin Lipman, Canadian Museum of Nature, Ottawa; Kapitel 6: pixabay.com/caromcdaid; Kapitel 7: mauritius images/Corey Ford/Alamy; Kapitel 8 (o. und u.): Prof. Peter Schmid, Univ. Zürich; Kapitel 9 (u.): WikimediaCommons/Osama Shukir Muhammed Amin FRCP(Glasg)/Creative Commons Attribution-Share Alike 4.0 International; Kapitel 10-12: John Hare, The Wild Camel Protection Foundation, Benenden, GB; Kapitel 15: Majid Orafa, Isfahan; Kapitel 16: Peter Spencer, Murdoch Univ., Australien; Kapitel 19: WikimediaCommons/Masteraah/Creative Commons Attribution-Share Alike 2.0; Kapitel 22 (u.): shutterstock.com/Vladyslav Akimenko; Kapitel 24 und 25: Peter Spencer, Murdoch Univ., Australien; Kapitel 26: Oasis Wildlife Fuerteventura; Kapitel 27: Familie Marquard, Hiddingen; Kapitel 30 (o.): shutterstock.com/Turkey Photo; Kapitel 30 (u.): WikimediaCommons/gemeinfrei, Werk »Two Fighting Camels« von Abd al-Samad (1590); Kapitel 31 (o.): WikimediaCommons/Sammy Six/CC 2.0, (u.) Oasis Wildlife Fuerteventura; Kapitel 33 (o.): shutterstock.com/Amateur007; Kapitel 33 (u.): shutterstock.com/YAROVA; Kapitel 35: WikimediaCommons/Abdelaziz/Creative Commons Attribution-Share Alike 4.0; Kapitel 37: mauritius images/robertharding/Nico Tondini; Kapitel 39: WikimediaCommons/Metropolitan Museum of Art_Rogers Fund 1926; Kapitel 40: WikimediaCommons/Peace Palace Library/gemeinfrei; Kapitel 41: WikimediaCommons/Walters Art Museum/Creative Commons Attribution-Share Alike 3.0; Kapitel 44 (o. und u.): Guillaume Charloux, CNRS, Ivry-sur-Seine; Kapitel 45: WikimediaCommons/gemeinfrei, Werk »Le Chamelier« von León Belly; Kapitel 47 (o.): shutterstock.com/neftali; Kapitel 47 (u.): shutterstock.com/rook76;

Kapitel 48: Peter Spencer, Murdoch Univ., Australien; Kapitel 49: shutterstock.com/Zzvet; Kapitel 51 (o. und u.): KHM-Museumsverband, Weltmuseum Wien; Kapitel 52: WikimediaCommons/gemeinfrei, Werk »Atlas Catalan« von Abraham Cresques (1375); Kapitel 53: WikimediaCommons/Metropolitan Museum of Art_Rogers Fund 1928/Creative Commons CC0 1.0 Universal Public Domain; Kapitel 54: WikimediaCommons/Bjørn Christian Tørrissen/Creative Commons Attribution-Share Alike 3.0 Unported; Kapitel 58: WikimediaCommons/gemeinfrei, Werk »Pilgerkarawane in Ramleh« von Yahya ibn Mahmud al-Wasiti; Kapitel 59: WikimediaCommons/© Sergey Pesterev_Wikimedia Commons/CC BY-SA 4.0; Kapitel 60: WikimediaCommons/A. Savin/Free Art License; Kapitel 61: WikimediaCommons/Carole Raddato/Namensnennung – Weitergabe unter gleichen Bedingungen 2.0; Kapitel 62: WikimediaCommons/gemeinfrei/Creative Commons CC0 1.0 Universal Public Domain Dedication; Kapitel 63 (o. und u.): Oasis Wildlife Fuerteventura; Kapitel 64 (o. und u.: Archivio Ente Parco Migliarino San Rossore Massaciuccoli; Kapitel 66: WikimediaCommons/Metropolitan Mueum of Art/Creative Commons CC0 1.0 Universal Public Domain Dedication; Kapitel 67: mauritius images/Oldtime/Alamy; Kapitel 68: WikimediaCommons/Prioryman/Creative Commons Attribution-Share Alike 4.0 International; Kapitel 69: WikimediaCommons/New York Public Library/gemeinfrei; Kapitel 70: WikimediaCommons/gemeinfrei; Kapitel 71: WikimediaCommons/gemeinfrei; Kapitel 72: shutterstock.com/Benny Marty; Kapitel 73: shutterstock.com/totajla; Kapitel 74 (o.): Ilse Köhler-Rollefson; Kapitel 75: Ilse Köhler-Rollefson; Kapitel 76: Ilse Köhler-Rollefson; Kapitel 77: pixabay.com/nizampanhwar; Kapitel 80: shutterstock.com/Buhairi Nawawi; Kapitel 81 (u.): Weisser Zoo Kernhof/Nö; Kapitel 82: pixabay.com/27707; Kapitel 99 (u.): pixabay.com/Hans; Kapitel 100: WikimediaCommons/Globetrotter19/Creative Commons Attribution-Share Alike 3.0 Unported; Kapitel 101: Ilse Köhler-Rollefson; Kapitel 102 (o.): shutterstock.com/MehmetO; Kapitel 104: Al Nassma Chocolate LLC, Dubai; Kapitel 105: shutterstock.com/Claudio Soldi; Kapitel 108: shutterstock.com/Patrik Dietrich; S. 240 (o.) : Casper Hedberg, Stockholm

Literaturnachweis

Adams, Christina: Camel Crazy. San Francisco, 2019.

AramcoWorld Magazine, special issue November/December. Houston, 2018.

Barker, H. M.: Camels and the Outback. London, 1964.

Brandes, Jörg-Dieter: Spuren im Wüstensand. Die Geschichte der Beduinen vom Jemen bis zum Maghreb. Stuttgart, 2001.

Breitling, Wilhelm: Ein Leben mit Kamelen. Ebhausen-Rotfelden, 2016.

Bulliet, Richard W.: The Camel and the Wheel. New York, 1990.

Burger, Pamela & Knoll, Eva-Maria (Eds.): Camels in Asia and North Africa. Interdisciplinary Perspectives on their Past and Present Significance. Österr. Akad. der Wissenschaften, Wien, 2012.

Davidson, Robyn: Tracks. London, 1980.

Dennis, Pierre: Étude sur le comportement du dromadaire au sahara. Paris, 2000.

Doughty, Charles: Reisen in Arabia Deserta. Köln, (1888) 1979.

Gaultier-Pilters, Hilde & Dagg, Anne Inis: The Camel: Its Evolution, Ecology, Behaviour and Relationship to Man. Chikago, 1981.

Göttler, Gerhard: Die Tuareg. Köln, 1989.

Hammer, Joseph Freiherr von: Das Kamel. Wien, 1856.

Heidicke Gabriele: Kamele sind anders. Trampeltiere in Mitteleuropa. Magdeburg, 2011.

Hare, John: Auf den Spuren der letzten wilden Kamele. Bern, 1999.

Hare, John: Shadows across the Sahara. Travels with Camels from Lake Chad to Tripoli. London, 2003.

Irwin, Robert: Camel. London, 2010.

Köhler-Rollefson, Ilse: Camel Karma. 20 Years among India`s Camel Nomads. New Delhi, 2014.

Lawrence, Thomas Edward: Seven Pillars of Wisdom. London, 1926.

Leonard, Arthur Glyn: The Camel, Its Uses and Management. London, 1894.
Musil, Alois: The Manners and Customs of the Rwala Bedouins. New York, 1927.
Hassanein, Ahmed Bey: The Lost Oases. Kairo, (1925) 2006.
Thesiger, Wilfred: Arabian Sands. London, 1959.
Tlili, Sarra: Animals in the Quran. Cambridge, 2012.

Weitere Literaturempfehlungen finden Sie auf den Seiten 33, 127, 202.

Elke Pistor
111 Katzen, die man kennen muss
ISBN 978-3-95451-830-2

Maria Teresa Carbone
111 Hunde, die man kennen muss
ISBN 978-3-7408-0477-0

Monika Mansour
111 Pferde, die man kennen muss
ISBN 978-3-7408-0444-2

Carsten Neß, Theo Haart
111 Tiere und Pflanzen an der Mosel, die man kennen muss
ISBN 978-3-7408-0563-0

Klaudia Blasl
111 tödliche Pflanzen, die man kennen muss
ISBN 978-3-7408-0441-1

Theo Pagel, Brian Batstone
111 Dinge über Elefanten, die man wissen muss
ISBN 978-3-7408-0349-0

Rudolf Jagusch, Susanne Jagusch
111 Dinge über Schweine, die man wissen muss
ISBN 978-3-7408-0990-4

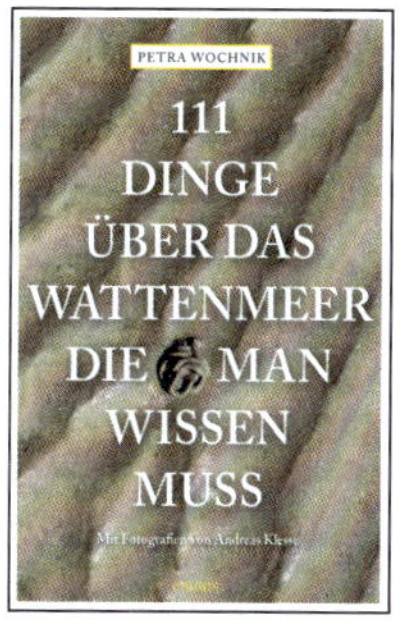

Petra Wochnik, Andreas Klesse
111 Dinge über das Wattenmeer, die man wissen muss
ISBN 978-3-7408-1081-8

Annett Klingner, Pascal Klunder, Katja Erdmann
111 Dinge über Katzen, die man wissen muss
ISBN 978-3-7408-1204-1

Holger Grumt Suárez, Rolando Grumt Suárez
111 Dinge über Affen, die man wissen muss
ISBN 978-3-7408-1214-0

Holger Grumt Suárez, Roland Grumt Suárez
111 Insekten, die täglich unsere Welt retten
ISBN 978-3-7408 0628-6

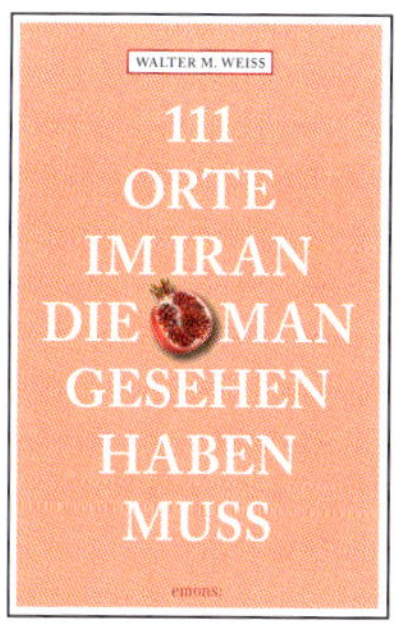

Walter M. Weiss
111 Orte im Iran, die man gesehen haben muss
ISBN 978-3-7408-0402-2

Annett Klingner
111 Orte in Dubai, die man gesehen haben muss
ISBN 978-3-7408-0647-7

Christoph Hein, Sabine Hein
111 Orte in Singapur, die man gesehen haben muss
ISBN 978-3-7408-0337-7

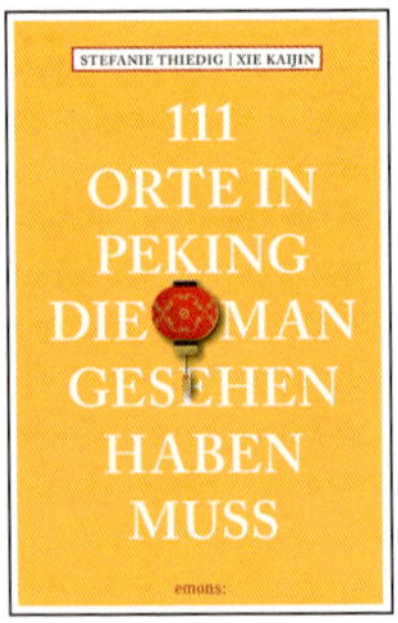

Stefanie Thiedig, Xie Kaijin
111 Orte in Peking, die man gesehen haben muss
ISBN 978-3-7408-0250-9

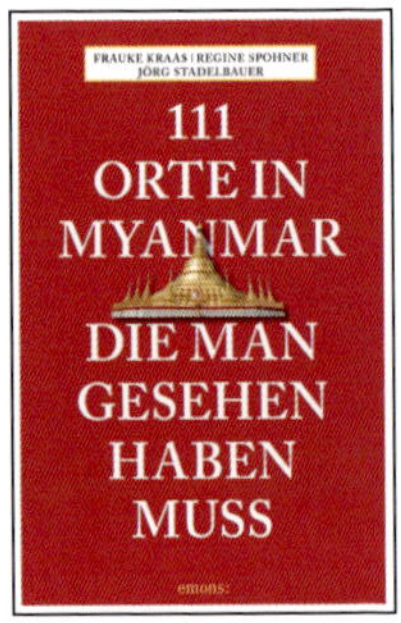

Frauke Kraas, Regine Spohner, Jörg Stadelbauer
111 Orte in Myanmar, die man gesehen haben muss
ISBN 978-3-7408-0149-6

Kathrin Bielfeldt, Raymond Wong, Jürgen Bürger
111 Orte in Hongkong, die man gesehen haben muss
ISBN 978-3-95451-914-9

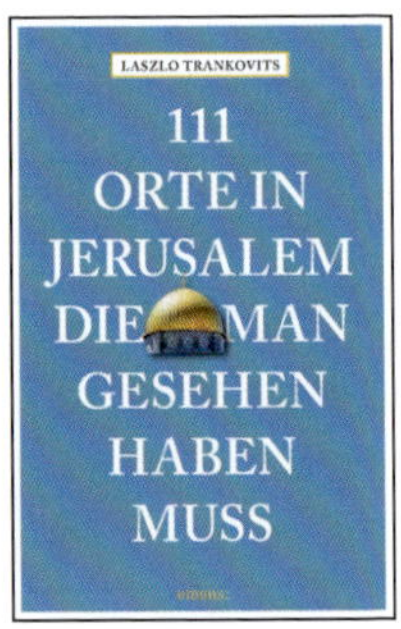

Laszlo Trankovits
111 Orte in Jerusalem, die man gesehen haben muss
ISBN 978-3-7408-0390-2

Danksagung

Ein herzlicher Dank an die mit der Betreuung dieses Buchprojekts befassten Damen des Emons Verlags, namentlich Sonja Erdmann, Ines Engbarth und Julia Lorenzer, für ihre vielfältigen Bemühungen. Ein besonderes »Dankeschön!« aber an unsere Frauen, Diane Naar und Renate Wernery, ohne deren langjährige Anteilnahme und Unterstützung dieses Buch so wohl nie das Licht der Welt erblickt hätte.

Walter M. Weiss, Jahrgang 1961, geboren und wohnhaft in Wien, ist dem sogenannten Orient seit Jugendjahren intensiv verbunden. Auf unzähligen Rechercheреisen hat er, auch als Studienreiseleiter und Fotograf, den arabisch-islamischen, aber auch türkischen und iranischen Kulturraum bis in die entlegensten Winkel erkundet und darüber viel publiziert. Dabei hat er sich infolge häufiger Begegnungen mit dem Kamel nicht nur nachhaltig in dieses verliebt, sondern auch eingehend mit dessen Natur und historischer Rolle als unersetzbarer Weggefährte des Menschen beschäftigt. Das Ergebnis dieses jahrzehntelangen Interesses ist dieses Buch. Insgesamt umfasst die Werkliste des Autors mehr als 100 Sach- und Reisebücher. Näheres unter www.wmweiss.com

Priv. Doz. Dr. Dr. Ulrich Wernery, Jahrgang 1943, studierte an der Freien Universität Berlin Veterinärmedizin und später Mikrobiologie. Bereits Mitte der 1970er Jahre war er mit seiner Frau Renate, einer Virologin, für die Entwicklungshilfe in Somalia tätig, kam dort erstmals näher mit Kamelen in Kontakt und erlag im Handumdrehen ihrer Faszination. Seither hat er in sämtlichen Ländern, in denen Dromedare und Trampeltiere heimisch sind, Feldforschung betrieben. Auf dem Gebiet der Altweltkameliden und insbesondere der Diagnostik ihrer Krankheiten zählt er, auch dank der Publikation Aberhunderter Fachtexte, längst zu den weltweit führenden Experten. 1987 war er Mitbegründer des renommierten Central Veterinary Research Laboratory in Dubai (siehe Kapitel 111), dessen wissenschaftliche Leitung er bis heute innehat.